高校教師が教える
身の回りの理科

Color Index

第1章 「色」の科学

　人間が「色」をどのように認識して知覚しているのかは、「物理学」や「生理学」「心理学」などが複雑に絡み合った、非常に難しい問題です。
　ニュートンが「光線に色はない」と言ったように、「色」は人間の脳が勝手に判別しているだけです。
　この章では、不思議な感覚である「色」を科学していきます。

標高3,776mの富士山山頂では、空が黒く見える（図9）

「真っ白」に輝く「積乱雲」（図10）

「おいしさ」の科学（第2章）

赤色の光が吸収されて海は青色に見える（図11）

第2章　「おいしさ」の科学

　料理の「おいしさ」には、「うま味」という味覚が深く関わっています。
　1908年に日本で発見され、欧米では長らく謎の味覚であった、「うま味」。
　「うま味」は、日本食を支える重要な味覚であるにもかかわらず、日本では「うま味調味料」が蔑ろにされています。
　この章では、この「うま味」の謎に迫るとともに、「おいしさ」を科学していきます。

「ベニテングタケ」の傘の表面のイボは、「うま味」成分の「イボテン酸」の塊（図13）

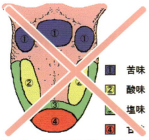
エドウィン・ボーリングの「味覚地図」は誤りだった（図14）

第3章 「料理」の科学

　多くの「料理」には、一般的に「加熱」が行なわれます。この「加熱」には、さまざまな方法があり、私たちは食材に合った「加熱方法」を選択する必要があります。
　さらに、「料理の加熱」の過程には、食材をより「おいしくする」秘密が隠されているのです。
　この章では、「料理」を科学していきます。

「遠赤外線」を大量に放出する「炭火」（図18）

「中華鍋」は「炒め料理」に最適な構造である（図19）

「天ぷら」は「油」の「沸点の高さ」を利用している（図20）

「煮物」は「温度管理」がしやすい（図21）

「蒸籠」で「蒸し料理」を作る（図22）

肉は「生食」よりも「火を通した」ほうが「おいしい」（図23）

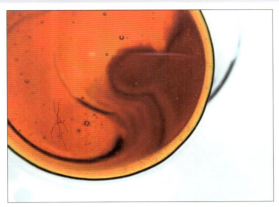

「糖類」を強く熱すると、「粘性」が強くなり、「褐色」になる(カラメル化反応)(図25)

「コゲ」には「ヘテロサイクリック・アミン」などの「発ガン性物質」が含まれる(図26)

「刺身」は「死後硬直」した「魚」を食べる(図27)

アジの活造り(図28)

「青汁」は「苦味」があって「アルカロイド」などの「毒」を連想させる(図30)

第4章　「代謝」と「ダイエット」の科学

　効果的に「ダイエット」するには、身体の「代謝方法」を知る必要があります。
　身体の中で「エネルギー」を作り出す仕組みを知れば、「なぜ太るのか」「どうやったら痩せるのか」が、たちまちに分かります。
　この章では、「代謝」と「ダイエット」を科学していきます。

ご飯1杯(150 g)で約240 kcalである(図40)

第5章　「スポーツ」の科学

　「筋肉」にもさまざまな種類があり、それぞれ特徴が異なります。
　「スポーツ」で活躍するためには、その「スポーツ」の特性に合ったトレーニングをしなければなりません。科学的なトレーニングをすれば、競技力の向上につながることは間違いありません。
　この章では、「スポーツ」を科学していきます。

「魚」には「赤身の魚」と「白身の魚」がいる(図44)

第6章 「毒」の科学

「毒」と「薬」の違いは、実はほとんどありません。使い方によっては、「毒」が「薬」になることもあるし、その逆もまた然りです。

それでは、「毒」になる物質は、いったいどのような化学物質なのでしょうか。ここには、ある規則があるのです。

この章では、「毒」を科学していきます。

猛毒をもつ「フグ」(左)と「トリカブト」(右)（図59）

トウゴマの種子（図61）

第7章 「薬物乱用」の科学

　人間のさまざまな活動には、脳内で分泌される「ドーパミン」という物質が深く関わっています。
　覚醒剤やヘロインなどの「ドラッグ」は、この「ドーパミン」の働きを無理矢理強めてるため、「薬物依存」に至ってしまうのです。
　この章では、「薬物乱用」を科学していきます。

市販の「紙巻き型」の「大麻」（図72）

未熟な「ケシの実」（図74）

「麦角」は生長すると「キノコ状」になる（図76）

第8章　「放射線」の科学

　一口に「放射線」と言っても、「放射線」にはさまざまな種類があります。
　そして、その防護方法や生物への影響も、それぞれの「放射線」で異なります。
　「放射線」は一般的に有害なイメージがありますが、利用方法次第では、有用な利用方法もあります。
　この章では、「放射線」を科学していきます。

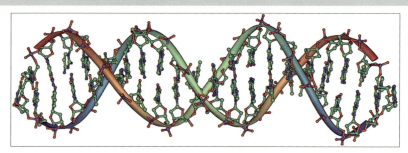
DNAの二重らせん構造（図88）

はじめに

「どうして、冬に息を吐くと、息が白くなるの？」
　寒気がいよいよ厳しくなってきた頃、ふと男子生徒にこう聞かれました。

　「冬になると、気温が低くなるよね。温度が低いと、飽和蒸気圧も低くなる。人の吐く温かい息には、水蒸気はたくさん含めるけど、外の冷たい空気には、水蒸気はあまり含めない。こうして水蒸気が凝縮して液体になるから、息が白く見えるんだよ。」
　私は以前にも、彼と同じような疑問をもち、自分で考え、自分なりに納得した答をもっていたので、こう説明しました。

　「飽和蒸気圧」も「凝縮」も、教科書で習う用語です。しかし、これらの用語の意味は分かっていても、これらの用語が適用される自然現象を説明しようとすると、なかなか難しいことに気が付きます。当たり前だと思っている身近な自然現象でも、「なぜ」と問われると、答に詰まってしまうことが少なくありません。このような例は、身近にごまんとあります。
　2006年にOECD(経済協力開発機構)が実施したPISA(Programme for International Student Assessment：生徒の学習到達度調査)の結果を分析すると、日本の高校生は優れた科学的知識をもっているにもかかわらず、初めて出会う状況で、科学的知識を応用することが苦手だと言われています。

　私は、このような自然現象などを説明する力——「科学的リテラシー」を身に付けることが、これからの社会を生きる上で、必要になってくると思います。
　身近な自然や実生活に目を向けて、「なぜだろう」と思うことが、「科学的リテラシー」を身に付けるためのスタート地点です。

長谷川　裕也

高校教師が教える 身の回りの理科

CONTENTS

Color Index ……………………………………………………………………… 2
はじめに ………………………………………………………………………… 13

第1章　「色」の科学

- ■「光」とは何か ……………………… 18
- ■「色」とは何か ……………………… 20
- ■「色」と文化 ………………………… 20
- ■「色」の心理学 ……………………… 24
- ■リンゴが「青色」に見える人がいる …… 26
- ■「色」が見える原理 ………………… 28
- ■「光の3原色」………………………… 31
- ■ノーベル賞を受賞した
　　　　　　「青色LED」の発明 ……… 33
- ■なぜ「空」は「青い」のか ………… 34
- ■なぜ「雲」は「白い」のか ………… 36
- ■なぜ「海」は「青い」のか ………… 37

第2章　「おいしさ」の科学

- ■「おいしさ」とは何か ……………… 42
- ■「味」の基本5要素 ………………… 43
- ■その他の「味覚」…………………… 44
- ■人を虜にする「甘味」……………… 46
- ■「塩味」はナトリウムの味 ………… 48
- ■「酸味」は酸性の味 ………………… 48
- ■「苦味」は毒の味? ………………… 49
- ■「うま味」はタンパク質のセンサー …… 51
- ■「味覚地図」は本当なのか ………… 53
- ■味蕾細胞 …………………………… 54
- ■「うま味調味料」は危険か ………… 56
- ■「グルタミン酸ナトリウム」（MSG）
　　　　　の使い方 ……………………… 59

第3章　「料理」の科学

- ■「料理」の加熱 ……………………… 66
- ■「焼く」は料理法の王道 …………… 66
- ■「炒める」と言えば中華料理 ……… 68
- ■「揚げる」は最短の料理法 ………… 70
- ■「煮る」は安全牌? ………………… 71
- ■「蒸す」は素材を活かす …………… 73
- ■「焼いた肉」のおいしさ …………… 74
- ■メイラード反応 …………………… 77
- ■「魚の刺身」は
　　　　死後硬直中に食べる? …… 82
- ■魚の鮮度を保つ
　　　　「ウルトラファインバブル」…… 85
- ■料理を「おいしい」と
　　　　感じるのはなぜか ………… 86
- ■本能的に「おいしい」と
　　　　感じる味覚 ………………… 88

第4章　「代謝」「ダイエット」の科学

- ■「カロリー」とは何か ……………… 94
- ■人間に必要な「エネルギー」……… 95
- ■炭水化物 …………………………… 95
- ■「デンプン」のおいしい食べ方 …… 96
- ■タンパク質 ………………………… 97
- ■脂質 ………………………………… 98
- ■「人間の仕事率」は豆電球と一緒? …… 100
- ■アデノシン三リン酸（ATP）……… 103
- ■解糖系 ……………………………… 105
- ■「尿酸」天才物質説 ………………… 106

CONTENTS

- ■ クエン酸回路（TCA回路）………… 108
- ■ 電子伝達系
  　　　（酸化的リン酸化経路）‥ 108
- ■「人間のエネルギー効率」は
  　　　「火力発電」と同じ？…… 109
- ■ 人間は飢餓状態では
  　　　どのぐらい生きられるか…110
- ■ 餓死者が続出した
  　　　「ガダルカナル島の戦い」…112
- ■ 生化学的に考えた
  　　　「効果的なダイエット」……114
- ■「ダイエット」に王道なし…………… 116

第5章　「スポーツ」の科学

- ■「筋肉」とは何か……………………… 120
- ■「筋肉」へのエネルギー供給機構……… 120
- ■ ATP-PCr系………………………… 123
- ■ 解糖系………………………………… 124
- ■ クエン酸回路（TCA回路）………… 125
- ■「疲労回復」には軽い運動が良い？…… 126
- ■ 電子伝達系
  　　　（酸化的リン酸化経路）…… 128
- ■「赤身魚」と「白身魚」の違い………… 129
- ■「骨格筋繊維」の特性………………… 131
- ■「スポーツ」で活躍するには………… 134
- ■「スポーツ」における
  　　　トレーニングの効果と方法……… 136
- ■「無酸素運動」によるトレーニング…… 138
- ■「速筋繊維」の「筋肥大」について……… 139
- ■「速筋繊維」と「遅筋繊維」の
  　　　「神経発達」について……141
- ■「速筋繊維」の「瞬発力」について……… 142
- ■「遅筋繊維」の「持久力」について……… 143
- ■「無酸素運動」のトレーニング内容…… 144
- ■「有酸素運動」によるトレーニング…… 147

第6章　「毒」の科学

- ■「毒」とは何か………………………… 150
- ■「薬物」としての「毒」と「薬」………… 152
- ■「薬の副作用」も考え方次第………… 154
- ■「薬毒物」の生体内への
  　　　「侵入経路」……… 158
- ■「毒」の基本法則……………………… 161
- ■ なぜ、「毒」で人は死ぬのか？……… 163
- ■「毒作用」による毒の分類…………… 165
- ■「毒物」と「劇物」の違い……………… 167
- ■ いろいろな「毒物」…………………… 169
- ■ 毒殺事件……………………………… 173
  - ● 帝銀事件………………………… 173
  - ● 和歌山毒物カレー事件…………… 176
  - ● トリカブト保険金殺人事件……… 179
  - ● 埼玉県本庄市保険金殺人事件…… 182
  - ● マルコフ暗殺事件………………… 185
  - ● リトビネンコ・ポロニウム事件… 188

CONTENTS

第7章　「薬物乱用」の科学

- 「報酬系」と「ドラッグ」の関係……… 192
- 「脳」を護る「血液脳関門」…………… 194
- ドラッグの王様「ヘロイン」………… 196
- 「薬物」に「依存」する理由…………… 198
- 精神依存 ……………………………… 199
- 「精神依存」の「心理学的」要因…… 199
- 「精神依存」の「生理学的」要因…… 201
- 身体依存 ……………………………… 204
- 「タバコ」は「危険ドラッグ」なのか 205
- 「麻薬系」のドラッグの分類 ……… 207
- 「大麻」は「タバコ」より安全？ …… 210
- 戦時中の日本を支えた「覚醒剤」… 212
- 「アヘン戦争」を引き起こした
  　　　　　　　　　　　ドラッグ ……… 214
- コカ・コーラには「コカイン」が
  　　　　　　　　　　　入っている？…… 217
- ビートルズも愛した「LSD」………… 219

第8章　「放射線」の科学

- 私たちは日常的に「被曝」している？…… 224
- 「放射線」の人体への影響 ………… 225
- 「原子」と「放射能」…………………… 228
- 「放射線」の種類 ……………………… 234
- $α$崩壊 ………………………………… 234
- $β$崩壊 ………………………………… 234
- $γ$崩壊 ………………………………… 236
- 「$α$線」は紙1枚で止めることができる？… 237
- 「被曝」とは何か……………………… 238
- 「外部被曝」を低減するには ……… 238
- 「内部被曝」を低減するには ……… 240
- 「放射線」の「生物」への影響……… 242
- 「放射線」の「身体的影響」………… 242
- 「放射線」の「遺伝的影響」………… 244
- 「放射線」の有効利用………………… 247

おわりに………………………………………………………………………………………251
索引……………………………………………………………………………………………252

●各製品名は登録商標または商標ですが、®およびTMは省略しています。

第1章
「色」の科学

- ■「光」とは何か
- ■「色」とは何か
- ■色と文化
- ■「色」の心理学
- ■リンゴが「青色」に見える人がいる
- ■「色」が「見える」原理
- ■光の3原色
- ■ノーベル賞を受賞した青色LEDの発明
- ■なぜ「空」は「青い」のか
- ■なぜ「雲」は「白い」のか
- ■なぜ「海」は「青い」のか

「色」の科学

人間が「色」をどのように認識して知覚しているのかは、「物理学」や「生理学」「心理学」などが複雑に絡み合った、非常に難しい問題です。
ニュートンが「光線に色はない」と言ったように、「色」は人間の脳が勝手に判別しているだけです。
この章では、不思議な感覚である「色」を科学していきます。

■「光」とは何か

　私たちが物体を見ることができるのは、「光」があるからです。「光」のない暗闇では、私たちは物体を見ることができません。
　「光」は電磁波の一種であり、私たちが見ることのできる「光」は、個人差があるものの、およそ「380〜780 nm」とごくわずかな範囲の波長に限られます。
この「380〜780 nm」の波長の「電磁波」を、一般的に「**可視光線**」と呼びます。

※1 nm(ナノメートル)は、10億分の1 mという、非常に小さな長さ。

　もちろん、「可視光線」という区分は、あくまでも人間の視覚を主体とした分類であり、一部の昆虫類や爬虫類、鳥類などは、人間が見ることのできない「光」まで見ることができます。

＊

　人間が肉眼で見ることのできない「光」には、「**赤外線**」や「**紫外線**」「**放射線**」などがあります。
　次の**表1**に主な「電磁波」の分類を示します。

表1　主な「電磁波」の分類

波　長	電磁波	主な用途
〜10 km	長波	無線
〜100 m	短波	ラジオ
〜1 m	マイクロ波	電子レンジ
〜1 nm	遠赤外線	コタツ
〜4 μm	赤外線	リモコン
380〜780 nm	可視光線	蛍光灯

〜 380 nm	紫外線	水道の殺菌
〜 10 nm	X線	レントゲン
〜 10 pm	γ線	γ線滅菌

「赤外線」と「紫外線」は、「波長の長さ」でさらに分類することができ、それぞれ異なる性質をもっています。

たとえば、「赤外線」の中でも波長の長い「遠赤外線」は、分子の振動や結合の振動を引き起こすので、温熱作用があります。
冬に暖をとるために使っている、電気ストーブや電気コタツの温熱は、そのほとんどが「遠赤外線」によるものです。

一方で、「紫外線」は生物の生理活動に関与しています。
「紫外線C波」(短波長紫外線)は、波長が最も短く(280 nm未満)、強い殺菌作用があり、生体に対する破壊性が最も強いです。
しかし、「紫外線C波」は、大気の成層圏に位置するオゾン層によって通常はすべて吸収されるので、地上に届くことはありません。

「紫外線B波」(中波長紫外線:波長315〜280 nm)は、体内の生理作用にさまざまな影響を与えます。
表皮の色素細胞である「メラノサイト」を刺激して「メラニン色素」を作り出し、日焼けを促進する他、「DNA」(デオキシリボ核酸)を損傷させて「チミン二量体」を生成し、皮膚ガンを引き起こすことがあります。
「紫外線B波」もオゾン層がほとんど吸収してくれますが、オゾンホールがあると、地上に降り注ぐので危険です。
紫外線B波をたくさん浴びると、数時間後には炎症を起こして毛細血管が拡がり、皮膚が赤くなります。酷い場合には、発熱や水ぶくれを伴って、日光皮膚炎となります。

「紫外線A波」(長波長紫外線:波長400〜315 nm)は、生物細胞の機能の活性化に関与し、危険性はそれほど高くありません。
細胞の物質交代の進行に関係し、細胞の機能を活性化させる働きがあります。小麦色の日焼け肌の原因である「メラニン色素」は、紫外線を吸収して細胞を守る働きがあります。
なお、紫外線A波も浴びすぎると真皮深部まで達し、「コラーゲン」などに

影響を与えて、深いシワなどの光老化の原因になることがあります。
　　　　　　　　　　　　　　＊
　また、普通の人間は「紫外線」を見ることができませんが、突然変異で「紫外線に近い色」を見ることができる人間が生まれることがあります。このような人は、普通の人より9,900万色も多く色が見えるそうです。
　このような人は女性のみで、まだ世界で2〜3人ほどしか確認されていません。しかし、自分でも気が付かずに生活している人もいるはずなので、実際はもっとたくさんいるかもしれません。

■「色」とは何か

　太陽が放射する電磁波のうちでは、「可視光線」の成分が最も強く、さらに地球の大気は「可視光線」に対して透明なため、地球に注ぐ太陽光の成分は、ほぼ「可視光線」と見なすことができます。
　「380〜780 nm」の波長の電磁波が目で見えるのは、恐らく地球上の生物が、太陽光の領域の電磁波を感じるように進化したためでしょう。
　　　　　　　　　　　　　　＊
　太陽光のような「白色光」を「プリズム」に通すと、「白色光」が分解され、「赤色」から「紫色」まで、色の付いた光が順番に並びます。
　日本では、これを「虹の7色」といったりしますが、専門的には、このようにいろいろな光に分解された光を「スペクトル」と呼んでいます。

　この「スペクトル」の色の違いは、「光の波長」の違いに対応しており、一般的には、真空中で波長が「620〜750 nm」を「赤色」、「590〜620 nm」を「橙色」、「570〜590 nm」を「黄色」、「495〜570 nm」を「緑色」、「450〜495 nm」を「青色」、「380〜450 nm」を「紫色」としています。

　「光」は真空中でも伝わることができる特別な波で、「特定の色の光」は、それぞれ「特定の波長」をもっています。
　そして、「波の波長」と「振動数」の積は、「波の速度」になりますが、「光」の場合、真空中では、「波長」と「振動数」の積は、必ず一定の値「3.0×10^8 m/s」になります。これは、実に「1秒間に地球を7周半も回る」速さです。

$$c = v\lambda$$

ここで、「c」は「光の速度」(3.0×10⁸ m/s)、「ν」は「振動数」、「λ」は「波長」を表わします。

真空中では、「光の速度」は色の違いによらず一定なので、「光」に限っては、「波長」と「振動数」が反比例していることになります。
つまり、「光の色」は、「波長」だけでなく、「振動数」の違いとも対応しているのです。

一般的には、「可視光線」は「波長が大きいほど赤色」になり、「波長が小さいほど紫色」になります。
また、「可視光線」は「振動数が小さいほど赤色」になり、「振動数が大きいほど紫色」になるともいうことができます。

*

なお、人間などのサルの仲間は、他の哺乳類よりも「色」の識別が得意だと言われています。これは、サルたちが森の中で暮らしていたことと関係があります。
森の中では、サルたちは樹の上で暮らし、果実などを食べていました。
「緑色」の葉の中にある「赤色」や「黄色」の果実を見分けるには、色覚を発達させる必要があったのでしょう。

さらに、樹上生活は、視覚の大切な機能を、もう1つ育てました。
それは、「立体視」です。樹の上で暮らしていくには、木の枝から枝へ渡っていく必要があります。それをするには、枝から枝までの距離をつかまなければなりません。
樹の上で生活することで、サルたちは距離感をつかむための、「立体視」を手に入れたと考えられています。

■「色」と文化

日本には豊かな四季があったためか、日本人の情感が豊かなためか（恐らくはその両方が考えられますが）、日本語は、「色の表現」が非常に豊かな言語です。

たとえば、「赤い系統」の色でも、「桃色(もも)」や「撫子色(なでしこ)」「紅色」「緋色(ひ)」「臙脂色(えんじ)」「茜色(あかね)」など、さまざまな「赤色」の表現があります。
「浅葱色(あさぎ)」や「萌黄色(もえぎ)」「潤色(うるみ)」などのように、美しい響きをもった色もあります。

さらに、「海松色」「麹塵」「半色」「空五倍子色」などのように、言葉だけでは、場合によっては漢字を読んでさえ、どんな「色」なのか想像もつかないものがあります。

日本語には、「色」を表現する言葉が約500種類あるとも言われており、どれだけ日本人が「色」の表現に趣向を凝らしてきたか窺えます。

＊

国や文化によっても、色の呼び方はさまざまです。

日本語で俗にいう「虹の7色」は、「紫・藍・青・緑・黄・橙・赤」です。

しかし、「どの波長の光が何色に見える」というのは、国や文化の違いによって異なってくるのです。

たとえば、日本で子供たちに「虹」の絵を描かせると、子供たちはきっと、「7色」を使って「虹」を描き上げるでしょう。

ところが、アメリカの子供たちは、「藍色」の部分を「青色」か「紫色」で描き、「虹」を「6色」で描くのです。

また、ニューギニアやコンゴなどの諸国では、「色」を表わす言葉が「黒」か「白」の「2色」、またはそれに「赤」を加えた「3色」しか存在しないと言います。

もちろん、彼らも私たち日本人と同じように「色」を感じているはずですが、「色」を表わす言葉自体が、私たちよりも少ないのです。

この理由として、彼らが文化的に「色」を区別する必要がなかったことが考えられます。

「黄色」や「橙色」などをまとめて「赤色」と呼んでいても、特に生活上の不都合がなかったのでしょう。

図2　「虹」の7色（リオデジャネイロで撮影）

「色」と文化

*

　ちなみに、日本でも文化的な理由により、「緑色」や「黒色」をまとめて「青色」と表現することがあります。

　たとえば、「信号」の色は国際的に、「赤・黄・緑」と統一していますが、日本では信号の色を、「赤・黄・青」と言います。

　「青信号」の「色」は、どちらかと言えば「青色」というよりは「緑色」をしていますよね。

　英語でも、「青信号」のことを「緑の光」すなわち「Green Light」と言うそうです。

　このように、日本語で「緑色」を「青色」と言う理由は、日本では、もともと「青」は寒色全体を指す言葉だったからです。

表3　「青」が入る言葉の例

実際の色	黒色	緑色	青色
例	青眼 青鹿毛	青草 青葉	青海波

　それでは、「緑」はいったい何だったのかというと、「色」の名前ではなく、「新芽」や「若々しい」といった意味の言葉でした。

　それ故に、艶のある美しい黒髪を「みどりの黒髪」と言ったり、赤ちゃんを「みどり児」と言ったりするのです。

　「赤色」のものを「赤い」と言ったり、「白色」のものを「白い」と言ったりするのに、「緑色」のものを「緑い」とは言わないのは、このように「緑」はもともと「色」の名前ではなかったからだ、と考えられています。

*

　「色」に対する一般的な印象も、国や文化によって異なります。

　たとえば、日本では太陽の色を「赤色」で表現することが多いですが、イギリスでは「黄色」、中国では「黄色」か「白色」、エジプトでは「金色」で表現することが多いです。

　どうやら「赤派」は、世界的に見ても少数派のようです。

　「色事」や「セクシー」な意味合いに用いる色も、国や文化によって異なります。

　日本では「桃色」（ピンク）を例にあげることが多いですが、アメリカでは「青

色」、中国では「黄色」、スペインでは「緑色」です。

アメリカでは、「ポルノ映画」などのことを「blue film」と言い、「下ネタ」のことも「blue joke」と言います。

*

さらに、同じ国や文化で暮らしている人同士でも、「色」の見え方に個人差があるということに注意しなければなりません。

たとえば、「先天赤緑色覚異常」という病気があります。

これは、「緑色」から「赤色」の波長の光を上手く区別できないという病気のことで、日本人では男性の5%が、女性の0.2%がこの病気だと言われています。

この病気の人にとっては、「黄色」と「橙色」などの色が似たような色に見え、それらの区別が困難になるのです。学校の「黒板」に「赤いチョーク」で書かれた文字が見にくいと言われるのは、この病気が原因です。

■「色」の心理学

「色」が人間の心理に与える影響もあります。たとえば、「赤色」一色の部屋と「青色」一色の部屋を用意し、「同じ温度」「同じ湿度」に設定して、被験者にそれぞれの部屋に入ってもらう、という実験があります。

その結果、「赤い部屋」に入った人は、「脈拍」や「呼吸数」「血圧」が上がり、「暑く」感じたそうです。

一方で、「青い部屋」に入った人は、「脈拍」や「呼吸数」「血圧」が下がり、「涼しく」感じたというのです。

その「体感温度」の差は、なんと3℃にも及んだそうです。

この実験の面白いところは、目隠しをした状態でも、同じような結果が得られたということです。

確かに、「赤い色」は「炎」を連想させて「熱い」イメージがあり、「青い色」は「水」を連想させて「冷たい」イメージがあります。

しかし、目隠しをした状態では、目からは「色」の情報が入ってきません。

「赤い色」と「青い色」の違いは「波長」の違いなので、私たちの身体は、皮膚でも「波長」の違いを感じ取っているのかもしれません。

また、「赤色」と「青色」では、「時間の感覚」も異なることが分かっています。
　たとえば、「赤い部屋」にいると30分程度しかいなくても、1時間経過したような感覚になり、「青い部屋」にいると1時間いても、30分程度しか経過していないような感覚になります。
　その差は、個人差や環境の違いにもよりますが、約4倍にもなると言われています。
　つまり、「赤色」は時間の経過を速め、「青色」は時間の経過を遅くする効果があるのです。

　実際にファミリーレストランなどで、「赤色」を基調とした「暖色系」の配色が多いのは、「赤色」が「食欲色」であることに加えて、「色の時間感」を利用することによって、少しの時間過ごしただけで、充分な時間を過ごしたような満足感を与えるためです。

　逆に、工場などで流れ作業や単純作業に従事する場合は、「青色」を基調とした配色のほうが好ましいです。
　「青色」のほうが、心理的に時間を短く感じるので、長時間作業しても、疲労を感じにくくなります。

＊

　「赤色」には興奮作用があり、脳内で「ノルアドレナリン」の分泌を促進させ、全身を奮い立たせる効果があると言います。
　また、「テストステロン」という男性ホルモンの濃度を高めるという報告もあり、「赤色」には攻撃性を高める効果があると考えられます。

　イギリスの科学誌「ネイチャー」には、ボクシングやテコンドー、レスリングなどの格闘技では、「赤色」のウェアを着た選手のほうが、勝利数が多いという結果が掲載されています。
　この論文によると、ほぼ同レベルの能力をもった選手同士が戦った場合、「赤色」のウェアを着た選手のほうが、勝率が20％も高かったというのです。
　実際に男性スポーツ選手の調査では、勝者の「テストステロン濃度」は、敗者よりも高いことが分かっています。
　ただし、女性スポーツ選手の研究では、男性のような顕著な反応は見られなかったと言いますから、「テストステロン」との因果関係はよく分かりません。

　なお、スペインで行なわれる闘牛の際には、闘牛士が「赤い布」をもって牛

を挑発していますが、牛は色盲なので、「赤色」を認識できません。
　牛が興奮しているのは、布の"ヒラヒラ"とした動きであって、「赤い布」を使うのは、見ている観客を興奮させるためだと言います。

＊

　一方で、「青色」には脳内で「セロトニン」という精神を安定させる神経伝達物質の分泌を促進する作用があるため、鎮静効果があると考えられています。

　陸上競技のトラックと言えば、今までは「赤色」が多かったのですが、最近は「青色」のトラックが増えてきています。
　「青色」は「脈拍」や「呼吸数」「血圧」を下げ、競技者にリラックス効果をもたらし、集中力を高めさせる効果があると言います。
　陸上部の学生を対象とした研究では、「赤色」より「青色」のトラックのほうが、記録のバラつきが少なかったそうです。

　また、ヤクルトスワローズの元キャッチャーである古田選手は、当時、石井投手のコントロールを良くするために、「茶色」のミットを「青色」に変えたそうです。「青色」のリラックス効果や集中力を高める効果を利用したのです。
　その結果、石井投手は見違えるようにコントロールが良くなったと言い、実際に多くの投手に「赤色」と「青色」の的にボールを投げさせた実験では、「青色」の的に命中する確率は、「赤色」の的に命中する確率よりも、命中する確率が約3倍も高いというデータがあります。

■リンゴが「青色」に見える人がいる

　「色」というものは、光が水晶体を通って網膜に当たり、「光の情報」が「電気信号」に変換され、視神経を通って「脳」まで伝わることで認識されます。
　「電気信号」はタイミングや回数などによって区別され、さまざまな「色」を見分けることができるのです。

　しかし、どの人でもリンゴが「赤色」に見えるという保証はどこにもありません。リンゴが「赤色」に見えるのは、私たちが学習したからであって、ある人の脳では、リンゴが「青色」に見えているかもしれないのです。

　この問題を解決するために、「リンゴは夕焼けの色である」と定義しても無駄です。ある人の脳では、「海が赤色」に見え、「夕焼けは青色」に見えている

かもしれないのです。

　たとえ会話が通じていたとしても、「感じている色」は各々で異なっているかもしれません。これは証明しようのないことなのです。

＊

　人間が「色」をどのように認識して知覚しているかは、「物理学」や「生理学」「心理学」などが複雑に絡み合った、非常に難しい問題です。

　たとえば、「光線に色はない」という言葉があります。これは、かの有名なニュートンが残した言葉であり、「光に色がある」のではなく、「色は人間の脳が勝手に判別しているだけ」だという意味です。

　たとえば、私たちの脳は、「黄色光」を見たときは、当然「黄色」として認識します。しかし、「赤色光＋緑色光」を見たときにも、同じように「黄色」として認識します。

　「黄色光」と「赤色光＋緑色光」では、物理的には「まったく波長の異なる光」なのですが、目で見て脳で認識する「色」としては、どちらも「黄色」になるのです。

　私たちの「脳」は、ある光を受けたときに、(a) 光源の色や目の表面などでの反射、(b) 視細胞で光を受けたときの化学反応、(c) 視神経に伝わったときの感覚刺激値、(d) 脳の視覚野に伝わった色情報の脳内での分析、そして (e) 心理的環境要因――などが複雑に絡み合って、初めてある種の「色」として認識します。

　そういう意味では、光は本来どの波長も「無色透明」であり、「色」というものは、あくまでも「人間が勝手に定義付けた概念」であり、非常に曖昧な感覚であることが分かるでしょう。

　1666年、ニュートンは偶然にも窓の隙間から入り込む太陽光が「7色」に分かれているのを見て、それを「光のスペクトル」(spectrum) と名付けました。「spectrum」には「幻」という意味があり、この言葉はあまりにも適切すぎた言葉だったのかもしれません。

■「色」が見える原理

普段の生活では、私たちは「空の色」や「花の色」などを特に区別せずに捉えています。

しかし、「色が見える原理」から考えると、「空の色」と「花の色」の着色の仕方は、大きく違ってきます。

片や「自ら色のついた光を発しているもの」で、片や「何らかの光を受けてその結果として色がついて見えるもの」だからです。

一般的に、「色」が見える原理には、大きく分けて、次の4つが考えられます。

(1) 物体自身が「光」を出す場合
(2) 物体が特定の「光」を吸収し、残りの「光」を反射または透過する場合
(3) 「光」の屈折による場合
(4) 「光」の干渉による場合

(1) 物体自身が「光」を出す場合

「ロウソクの炎」や「懐中電灯の光」「テレビ」「街の灯り」「青空や夕焼け」、そして「太陽」や「無数の星々」のように、物体自体が「光」を出している物体の色を、「光源色」と言います。

これは、物体自体が「光」を出して、その「光」が私たちの目に入ることによって「色」が見えることになります。

「光源色」すなわち「光の色」は、基本的には光源から発する「光」の成分によって決まります。

図4　ロウソクの炎（光源色）

(2) 物体が特定の「光」を吸収し、残りの「光」を反射または透過する場合

「花の色」や「鳥の色」「建物の色」「果物の色」、そして「月」や「惑星」のように、「光」に照らされた物体の色を「物体色」と言います。

この「物体色」は、物体の表面で光源の「光」の一部が吸収され、残りが反射散乱されて生じます。

図5　花の色（物体色）

リンゴが「赤く」見えるのは、リンゴ自体が「赤く光っている」のではなく、リンゴが「可視光線のうち赤色以外の光を吸収し、残りの赤色の光を反射散乱している」からです。

そのため、「物体色」すなわち「物の色」は、「光源から発する光の成分」と、「物体表面での吸収や反射の性質」の両方に影響されて決まることになります。
なお、「色フィルター」や「ステンドガラス」「ワインの色」など、透明な物体を通過したときの「色」も、物体中を通過する際に「光」の一部が吸収されて生じる「物体色」です。

(3)「光」の屈折による場合

太陽光をプリズムに通すと「虹の7色」に分解されますが、これは「光の屈折」が原因です。
この現象は「光」が「波」であるために生じる光の基本的な性質であり、一般的に「光の分散」と呼ばれます。

空気とプリズムのように「屈折率」が異なる媒質に光が入射すると、光は「屈折」します。その際、「光の波長」によって「屈折率」が少しずつ異なるために、「白色光」はいろいろな色の光に分解されるのです。

プリズムによる「光の分解」や「虹の色」は、「光の分散」が原因で生じています。波長の長い赤色の光は、屈折率が小さくあまり屈折しません。逆に波長の短い紫色の光は、屈折率が大きいため大きく屈折することになります。

このようにして、白色光が分散して私たちの目に届くとき、白色光が「虹色」のように見えるのです。

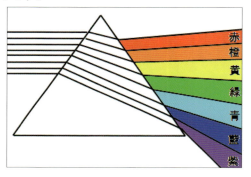

図6　プリズムによる「光」の分散

(4)「光」の干渉による場合

2つの波が重なると、波が強め合ったり弱め合ったりしますが、この現象を「波の干渉」と言います。

「光」も波の一種なので、「干渉」を起こします。たとえば、「シャボン玉」や「水たまりの油膜の厚さ」は、光の波長程度しかないため、油膜の「上面で反射した光」と「下面で反射した光」が「干渉」します。しかも、「干渉」したときに波長が違うと、ある波長の光では強め合うものの、別の波長では弱め合うことになったりして、結果として「色」が付いて見えるのです。

「シャボン玉」が「虹色」に見える理由は、シャボン玉の膜は均一ではなく、薄いところと厚いところがあるためです。薄いところでは、「波長の短い青色の光」が干渉して強め合うので「青色」に見え、厚いところでは、「波長の長い赤色の光」が干渉して強め合うので「赤色」に見えます。

図7 シャボン玉による「光」の干渉

■「光」の3原色

「赤(red)・緑(green)・青(blue)」を「光の3原色」と言い、これらの頭文字を取って、「RGB」とも表わします。「光の3原色」は、パソコンのモニタなどでおなじみのはずです。

「赤」は波長700 nmの光、「緑」は波長546.1 nmの光、そして「青」は波長435.8 nmの光に対応しています。「赤」と「緑」を混ぜると「黄」に、「緑」と「青」を混ぜると「シアン」(やや緑みの明るい青)に、「青」と「赤」を混ぜると「マゼンタ」(明るい赤紫)になり、他のすべての色光も、3原色を適当な強さで混ぜ合わせることで作ることができます。

「光の3原色」を混ぜ合わせると明度が上がるので、それを「加法混色」と言います。そして、「赤」と「緑」と「青」を等しい強さで混ぜると「白色光」になります。また、「赤とシアン」「緑とマゼンタ」「青と黄」をそれぞれ混ぜても「白色光」になります。
つまり、私たちが普段見ている太陽光のような「白色光」は、いろいろな光が集まった結果、「白色」に見えているだけなのです。

太陽光をプリズムでいろいろな光に分散すると、「虹色」に分かれることはよく知られています。
しかし、逆に「虹色の光」を混ぜ合わせてやれば、太陽光のような「白色光」を人工的に作り出すこともできるはずです。

ここで、ある2色の「光」を混合すると、「白色光」になる場合があります。

これは、先に述べた、「赤とシアン」「緑とマゼンタ」「青と黄」のような関係です。

　このように、混ぜ合わせると白色になる色同士を、互いに「**補色**」と呼びます。「補色」の関係は、次の**図8**のように表わすことができます。

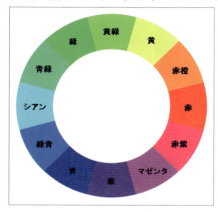

図8　「補色」の関係

　図8において、向かい合った色同士が「補色」の関係になります。たとえば、「青と黄」は「補色」の関係です。

　逆に、「隣り合った色」を「**類似色**」と言い、「黄と赤橙」は「類似色」の関係です。

　この「補色」の関係は、物体に色がつく原理を考えていく上で、とても重要になります。
　「青色と黄色」の光は「補色」の関係なので、混ぜ合わせると「白色光」になります。
　逆に、「白色光」から「青色」の光だけを取り除くと、「黄色」の光になるのです。

　このように、「白色光」から「ある色の光」を取り除き、「残った色」を、「**余色**」と言います。

　つまり、物体に「色」がつく原理は、その物体が、何の「光」を吸収するか、によって考えることができるのです。
　たとえば、「緑色」の葉に「白色光」が当たると、葉は「赤色」や「青紫色」の「光」を吸収して、「残りの緑色の光」を反射します。

それ故に、葉は「緑色」に見えるのです。
このように「特定の波長の光を吸収」する物質を、「色素」と言い、植物のもつ「葉緑素」(クロロフィル)などは、その代表例です。

■ノーベル賞を受賞した「青色LED」の発明

2014年のノーベル物理学賞には、日本の研究者である赤崎勇と天野浩、中村修二の3名が選ばれました。
その授賞理由には、「明るく消費電力の小さい白色光現を可能にした、青色LEDの開発」があげられています。

「青色LED」が発明される前、1962年に「赤色LED」が、1968年に「黄緑色LED」が発明されていました。

「青色LED」を作るには、半導体の素材である「窒化ガリウム」(GaN)をきれいに結晶化する必要があったのですが、「窒化ガリウム」(GaN)の結晶の作製は、長らく困難とされていました。
研究者たちの間では、「青色LED」の作製は、「20世紀のうちにはできない」とまで言われていました。

しかし、1985年に赤崎勇と天野浩は、サファイア基板上に薄い膜のような層を作り、その上にきれいな「窒化ガリウム」(GaN)を結晶化することに成功したのです。
そして、1989年には「青色LED」が発明され、その技術で「緑色LED」が開発されました。これによって、「光の三原色」である「赤・緑・青」が揃ったのです。
「青色LED」が開発されたことにより、光ですべての色が表現できるようになりました。
照明として最も汎用される「白色LED」も、「青色LED」の発明により1997年に実用化されました。

「白色LED」は「白熱電球」や「蛍光灯」などの照明器具と比べて消費電力が小さく、寿命も「白熱電球」の約20〜40倍、「蛍光灯」の約3〜6倍であると言われています。
「LED」は半導体であり、「電気エネルギー」を直接「光エネルギー」に変換するので、余計な「熱エネルギー」が発生しないのです。

また、LEDは軽くて水中でも使えるといった長所があります。
こうした利点から、現在「LED」の普及が進んでいますが、「白熱電球」や「蛍光灯」と比べると高価で、初期費用がかかるといった欠点もあります。

■なぜ「空」は「青い」のか

「空」が「青色」なのはなぜでしょうか。
太陽が青く光っているからでしょうか。

太陽光には、「青色」を含めてさまざまな色の光が含まれていますが、太陽光は一般的に「無色」の白色光であるはずです。

「空」が「青色」に見える理由には、「光の散乱」が関係しています。
大気中に入射してきた「太陽光」は、大気を通過するときに、空気分子のような光の波長よりもはるかに小さな粒子に当たって「散乱」します。
このような微小な粒子による「散乱」では、散乱される度合いは波長によって異なることが知られています。
そして、そのような「散乱」を調べたイギリスのレイリー卿にちなんで、微粒子による散乱は「**レイリー散乱**」と呼ばれています。

「レイリー散乱」の理論によれば、「光の散乱量」は、「光の波長」の4乗に反比例します。
すなわち、「赤い光」の波長は「青い光」の波長の2倍程度あるため、「青い光」は「赤い光」よりも、約16倍も強く散乱されることになるのです。

$$光の散乱量 \propto \frac{1}{\lambda^4}$$

この「レイリー散乱」の結果、太陽光のうち「青い光」が強く散乱されることになり、空が「青く」見えるのです。

大気があるからこそ、散乱が起こって空は「青く」見えるので、空気の薄い高山や上空に行くほど、光の散乱はだんだん弱くなり、空の色は次第に「黒く」なっていきます。

図9　標高3,776ｍの富士山山頂では、空が「黒く」見える

＊

　また、晴れた日に見通しの良い場所で夕暮れを迎えると、西の空が「茜色」に染まる一方で、頭上にはまだ「青空」が広がっていて、「茜色」から「空色」までとてもきれいなグラデーションで彩られた空を見ることができます。

　このように晴れた日の空が「青く」、また朝焼けや夕焼けが「赤い」のは、それぞれ別の理由があるわけではなく、同じ「散乱現象」によって説明できます。

　明け方や夕方と昼間の違いは、太陽の高度にあります。
　明け方や夕方には、太陽の高度が低く、地平線付近なので、昼間に比べて、太陽の光が「大気を通過する距離」が長くなります。
　太陽光が「大気中の長い距離を通過」してくる間に、「青い光」は散乱されて、あちこちに飛び散ってしまい、目に届く前にほとんど失われてしまうのです。

　一方で、「青い光」に比べてあまり散乱されずに残っている「赤い光」は、そのまま私たちの目に届くことになります。
　このため、明け方や夕方の空は「赤く」見えるのです。

　また、しばしば朝焼けより夕焼けのほうが「赤く」見えることがあります。
　この理由は、車や工場など、昼間の人間のさまざまな活動によって、空気中にチリやゴミが出て、夕方のほうが多くの「散乱」が起こるためです。

■なぜ「雲」は「白い」のか

　暑い夏の日、山の向こうにむくむくと湧きあがってきた「積乱雲」は、「真っ白」に輝いています。

　しかし、その雲が近くにやってきて、激しい夕立を降らそうとする頃には、空は「薄黒い雲」に覆われています。

　「雲」の「色」は、いったい何によって決まっているのでしょうか。

図10　「真っ白」に輝く「積乱雲」

　「雲」は、空気中の水蒸気が「水滴」や「氷の結晶」となって現われたものの集まりです。
　「水滴」などの雲粒は、空気の分子と比べて非常に大きいため、雲粒に当たって散乱される「太陽光」は、波長の違いの影響をあまり受けません。

　「水滴」や「氷晶」のように、粒子のサイズが光の波長よりも充分に大きければ、「あらゆる波長」の光を満遍なく散らすので、「散乱光」に色はつかないのです。
　このような光の波長と同程度の粒子による散乱は、「ミー散乱」と呼ばれています。
　その結果、太陽からの白色光は「雲」に散乱されても色が付かず、水滴や氷晶を含む「雲」は、「白っぽく」見えるのです。

　また、このときの「散乱」は、光の入射方向の前方に強く起こり、側方および後方へはあまり散乱しません。

そのため、「積乱雲」のように厚い雲は、強い光を受けて、眩しいくらいに、「白く」輝いて見えます。

＊

それでは、雲が「黒く」見えるときは、どのように説明できるでしょうか。これには2つの理由が考えられます。

第一には、夕方などで「雲に入る光が少なくなり、光がミー散乱するうちに目に届く光が少なくなる」ことです。

第二には、雨の日などで「雲に含まれる水滴や氷晶の量が多くなり、雲が厚くなって下のほうまで光が届かなくなる」ことです。

いずれにしても、雲が「黒く」見える原因は、「光量」に関係しています。

私たちの目に届く光が少なくなると、雲は「薄黒く」見えるのです。

昼間は「白く」輝いている積乱雲でも、太陽が隠れている夜に見れば、色は「黒く」見えます。

＊

なお、「雲」が空気中で浮いていられるのは、雲を形成する「雲粒」が非常に小さいことによります。

「雲粒」の直径は通常0.05 mm程度で、雨粒の1/20程度の大きさです。

物体が落下するときには「空気抵抗」を受けるため、物体が落ちる速さはその大きさによって決まります。

「雨粒」を直径1 mm程度とすると、最終落下速度は、「雨粒」では4 m/sであり、「雲粒」では0.003 m/sです。

粒が大きくなると、落下速度が急激に大きくなります。

「雲粒」の場合、落下速度が0.003 m/sですから、上方に向かって0.003 m/sの風があれば、下に落ちずに空に浮くことができるわけです。

■なぜ「海」は「青い」のか

1961年、「ボストーク1号」で世界初の有人宇宙飛行を成功させたソ連のガガーリンは、宇宙から地球を俯瞰して、「地球は青いヴェールをまとった花嫁のようだった」と言い残しています。

余談ですが、日本で有名な「地球は青かった」というガガーリンの言葉は、実は誤った引用であるというのが通説です。

さて、ガガーリンの言葉にあるように、地球の色は「青色」です。

これは、地表の71%が「海」であることに起因しています。

「海」は濃度3%前後の塩などが溶け込んだ水であり、海の主成分は「水」であると見なすことができます。

つまり、「水」が「青い色」をしているので、地球は「青く」見えるのです。

しかしながら、「海」が「青い」のは見て分かりますが、「グラスに注いだ水」は「無色透明」です。

これは、なぜでしょうか。

＊

「海水」に限らず、「水」の中を可視光線が通過すると、水分子によって光は吸収されます。グラスの水が「無色透明」なのは、単純に、水の量が少ないからです。

水分子による光の吸収はごくわずかなので、「海」のように水が大量にある状況でなければ、充分な光の吸収が起こらないのです。

可視光線が水中を何mも進むと、光の吸収が起こります。

この吸収の度合いは、波長の長いものほど大きく、可視光線でも最も波長の長い「赤色光」は、水深7mほどで、海面に降り注ぐ光量の99%が吸収されてしまいます。

白色光のうち、「赤色」から「黄色」の光が強く吸収されてしまうので、「海」は余色の「青色」に見えるのです。

図11　「赤色」の光が吸収されて海は「青色」に見える

一方で、陸地から「海」を見ると、「海」が「緑色」っぽく見えることもあります。

この理由は、海水中での吸収や散乱には、水分子だけでなく「浮遊している粒子」や「溶存している物質」も大きく関係してくるからです。

たとえば、海水にクロロフィルをもつ「植物プランクトン」を多く含むと、「プ

ランクトン」が吸収しない「緑色」が強く影響し、「緑がかった海水の色」となります。

　栄養塩類に富んでいる海は「プランクトン」が多いため、海水の色は「緑色っぽく」なるのです。

　なお、魚の餌となる「プランクトン」が多い海は、良好な漁場となります。

＊

　貧栄養の南方から流れてくる海流は「黒潮」と呼ばれますが、これは名前の通り「黒い色」をしています。

　「黒潮」は「プランクトン」が少ないために透明度が高く、最も吸収されにくい「藍色」の光が散乱光として満ちているため、「黒潮」は「黒く」見えるのです。

1章参考文献

福江純/粟野諭美/田島由起子	「カラー図解でわかる光と色のしくみ」ソフトバンククリエイティブ
佐々木仁美	「色の心理学」樋出版社
長沼毅	「Dr.長沼の眠れないほど面白い 科学のはなし」中経出版
	「グラフィックサイエンス 最新 理科資料集」明治図書出版
吉村忠与志	「知るほどハマル！化学の不思議」技術評論社
左巻健男	「面白くて眠れなくなる物理」PHP研究所
蛇蔵&海野凪子	「日本人の知らない日本語2」メディアファクトリー

第2章
「おいしさ」の科学

- ■「おいしさ」とは何か
- ■「味」の基本5要素
- ■その他の「味覚」
- ■人を虜にする「甘味」
- ■「塩味」は「ナトリウム」の味
- ■「酸味」は「酸性」の味
- ■「苦味(にがみ)」は「毒」の味?
- ■「うま味」はタンパク質のセンサー
- ■「味覚地図」は本当なのか
- ■味蕾(みらい)細胞
- ■「うま味調味料」は危険か
- ■グルタミン酸ナトリウム(MSG)の使い方

「おいしさ」の科学

料理の「おいしさ」には、「うま味」という味覚が深く関わっています。
1908年に日本で発見され、欧米では長らく謎の味覚であった、「うま味」。
「うま味」は、日本食を支える重要な味覚であるにもかかわらず、日本では「うま味調味料」が蔑ろにされています。
この章では、この「うま味」の謎に迫るとともに、「おいしさ」を科学していきます。

■「おいしさ」とは何か

私たちが食べ物を口に含んだとき、「おいしい」と感じる要因は何でしょうか。

「おいしさ」とは、「味」「香り」「食感」「音」「記憶」など、さまざまな要因によって決まる複雑な感覚です。

このように、「おいしさ」は「味」だけで決まるものではないのです。
たとえば、おいしさに「香り」の要素はとても大きな影響を与えます。
私たちは鼻をつまんでリンゴジュースとオレンジジュースを飲むと、ほとんど区別が付きません。
また、かき氷のシロップの「味」はすべて同じで、違いは「着色料」と「香料」だけだといいます。

さらに、「おいしさ」はそのような直接的な要因だけではなく、間接的な要因にも左右されることが分かっています。
たとえば、私たちは激しい運動の後では、「塩味」や「甘味」の強い食べ物が、普段よりも格段に「おいしく」感じます。
その他には、海外旅行中に、和食がとても「おいしく」感じたり、テレビや雑誌で評判の食べ物が「おいしく」感じたり、病気のときに、栄養のある食べ物が「おいしく」感じたりするなど、さまざまな要因が考えられます。

この章では、複雑な感覚である「おいしさ」について、科学的な視点から説明したいと思います。

■「味」の基本5要素

　皆さんは、「味」というものがいったい何種類あるか知っていますか。
　「味」の質をいくつかの「基本的な成分」(基本味)に分解しようという試みは、古くから行なわれてきました。

　中国に現存する最古の医学者「黄帝内経素問」においては、「五味」という分類がなされています。
　それらは、「塩味」「甘味」「酸味」「苦味」「辛味」の5種類です。
　また、西洋では古代ギリシアのアリストテレス(BC4世紀)が、「味」を、「塩味」「甘味」「酸味」「苦味」「厳しさ」「鋭さ」「荒さ」の7種類に分類しています。
　このうち最初の4種類はその後も生き残り、ドイツの心理学者であるヘニングの「4原味説」に至っています。

　1916年に、ヘニングは、世界のどこの人々でも感じる味覚として、「**甘味**」「**塩味**」「**酸味**」「**苦味**」を提唱しました。
　これは「**味の5基本味**」のうち、「**うま味**」を除いた「**4基本味**」です。
　なぜ、ヘニングは「うま味」を「基本味」に加えなかったのでしょうか。
　これには文化的な理由がありました。

＊

　欧米では、土壌や川の水が、カルシウムなどのミネラルを多量に含む「硬水」です。その結果、古くから「硬水」を料理などに用いてきた欧米人は、「基本味」以外に「金属味」を感じることができると考えられています。

　それに対して、私たち東洋人は、古くから、味噌や鰹節などの「アミノ酸」を多く含む発酵食品を食べてきたので、「うま味」をよく感じることができる、と考えられています。

　特に日本では、出汁を使う料理が多く、この「うま味」がなくては、日本食は考えられないといっても過言ではありません。
　日本では、1908年に東京帝国大学(現在の東京大学)の池田菊苗が、うま味物質の「グルタミン酸」を昆布から発見。
　昆布には乾燥質量で約4%もの「グルタミン酸」が含まれており、池田は、40 kgの昆布から30 gの「グルタミン酸」を結晶として取り出すことに成功しました。

このとき取り出された「グルタミン酸」は、今も大切に保管されており、2010年には日本化学会によって「第一回化学遺産」に認定されています。

そして、「うま味」は「甘味」「塩味」「酸味」「苦味」のどれにも属さないとして、日本では古くから「うま味」を「基本味」に加えて認識していました。

しかし、欧米では、「グルタミン酸」の「うま味」を味わう料理が発展していなかったため、「グルタミン酸は単に他の味を強めるだけの物質であり、単独の味覚ではない」と、長らく「うま味」を除く4基本味が支持され続けました。
そして、「うま味」の存在が認められたのはつい最近のことです。

2000年にマイアミ大学のグループが、舌の「**味蕾細胞**」に「グルタミン酸」を感知する「**受容体**」があることを証明し、「うま味」が、「甘味」や「酸味」などと並ぶ「基本味」であることが確定しました。
「受容体」とは、「化学物質」を受けて信号を中継する物質のことで、「化学物質」はこの「受容体」に結合することで、生理学的な効果を発揮します。

これら「甘味」「塩味」「酸味」「苦味」「うま味」の「5基本味」は、舌上にある「味蕾細胞」を介して感じる味です。結果、生理学的には、この5つが味覚であると言えるため、現在では、「ヘニングの説」に「うま味」を加えた5つの味を「基本味」としています。

■その他の「味覚」

しかし、私たちには普段感じる「味覚」として、「辛味」「渋味」「冷味」「刺激味」などの味があります。
これらと「5基本味」の違いは何なのでしょうか。

「辛味」「冷味」「刺激味」と「5基本味」との決定的な違いは、これらの味覚は、「味蕾細胞」を介することなく、神経を直接刺激して「大脳新皮質味覚野」に伝達されることです。

誤解を恐れずに言うなら、これらは「味覚」というよりも、「痛覚」なのです。
たとえば、「辛味成分」である「カプサイシン」を目などの粘膜に触れさせると、"ヒリヒリ"と痛みます。

これは、「辛味」を「味蕾細胞」で感じていないことの確かな証拠です。
「辛味」は「味覚神経」ではなく、温度や痛みなどを感じる「三叉神経」によって感じるのです。
「辛味」のあの"ヒリヒリ"とする感じは、「熱い」という感覚です。キムチなどを食べると熱くなるのは当然のことで、「辛味」が英語で「hot taste」と言われるのも納得できます。

＊

ちなみに、「カプサイシン」の「辛さ」を量る単位というものが存在し、これを「スコヴィル値」と言います。
「スコヴィル値」はトウガラシのエキスの溶解物を砂糖水で薄めて、「辛味」を感じなくなるまで薄めたときの「希釈倍率」で決めます。
たとえば、「カプサイシン」を含まないピーマンの「スコヴィル値」は0で、タバスコは2,500〜5,000で、ハバネロは10万〜35万、純粋なカプサイシンは1,600万とも言われています。

なお、「カプサイシン」の生理学的な作用は「辛味」だけでなく、他にもいくらか重要な働きをしています。
たとえば、「カプサイシン」は唾液の分泌を促して、消化を助けます。
また、結腸の動きを促して、食物の残存物を通りやすくする作用もあります。肥満や生活習慣病予防に「カプサイシン」が効果的だと言われるのは、「カプサイシン」にエネルギー代謝を亢進する効果があるからで、唐辛子を使った料理は、肥満の予防や改善に有効とされています。

＊

「渋味」については「苦味」と似ていますが、どちらも「タンニン」や「カテキン」などが、「味蕾細胞」のタンパク質を変性させることで感じる味覚で、生理学的には同一の味覚を指します。
味覚の差は「苦味物質」の、混合比率や濃度によって変化するので、「渋味」も5基本味に加えて、「第6の味」とすることもあります。

第2章 「おいしさ」の科学

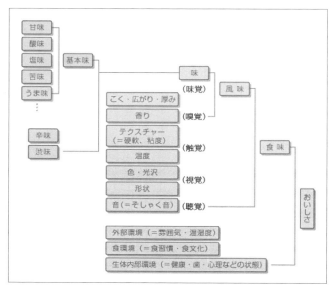

図12　「食味」の関係(日本うま味調味料協会HPより引用)

■人を虜にする「甘味」

　糖分は、人間に最も必要とされるエネルギー源であり、これが含まれる食べ物は、だいたい「おいしく」感じます。

　この理由は、甘いものを食べたときに、その刺激によって脳内で「β-エンドルフィン」など脳内麻薬が分泌され、「**報酬系**」に働きかけて、快の感覚を生じさせるからです。
　「β-エンドルフィン」は、神経に対して「モルヒネ」の6.5倍の鎮静作用があり、長距離を走っているうちに快感を覚える「ランナーズ・ハイ」の高揚感は、この「β-エンドルフィン」によるものであるということが分かっています。
　そのため、「甘味」は特殊な味覚となっているということができます。

　「甘味」を感じる物質としては、「スクロース」(砂糖)や「フルクトース」(果糖)などの糖類の他に、「アスパルテーム」などのペプチドにも「甘味」を示すものがいくつかあります。「ペプチド」とは、複数のアミノ酸が脱水縮合してできる化合物のことです。
　「アスパルテーム」は「スクロース」の100〜200倍の「甘味」を示し、「スクロー

ス」よりもずっと低カロリーなので、カロリーゼロの清涼飲料水などに加えられます。

　「化学構造」と「甘味」の関係は完全には解明できていませんが、「スクロース」の数百倍以上の甘さを示す「人工甘味料」は他にも多くあります。
　たとえば、アメリカで開発され、日本でも2007年に食品添加物として認可された「ネオテーム」は、同量の「スクロース」と比較して、約1万倍の「甘味」をもちます。
　さらに、フランスで開発された「ラグドゥーム」は、「スクロース」の約22万倍の「甘味」を感じる、と言われています。
　こうなると、コーヒーを適当な味に調整するだけでも、一苦労することになりそうです。

*

　また、果物は冷やしたほうが「おいしい」とよく言われますが、これには科学的な根拠があります。

　果物には「フルクトース」が大量に含まれているのですが、「フルクトース」は温度によって「甘味」が変わるのです。
　「フルクトース」は低温になると、甘味の強い「β－フルクトフラノース」という構造の平衡時の割合が大きくなり、「甘味」をより強く感じるようになります。
　「フルクトース」は「スクロース」の約1.7倍も甘く、「スクロース」や「グルコース」よりも水に溶けやすいので、カロリーを抑えるために清涼飲料水などに加えられます。

*

　なお、人間は他の生物と比べて、多くの種類の「甘味物質」を摂取できます。
　バクテリアは、「グルコース」や「フルクトース」は摂取しますが、「スクロース」には見向きもしません。
　ハエやミツバチのような昆虫だと、「スクロース」を含むすべての糖類を摂取するものの、「アスパルテーム」や「サッカリン」などのような人工甘味料は摂取しません。
　イヌも同様に、人工甘味料は摂取せず、糖類を好みます。
　ネコは「アラニン」や「グリシン」といった「甘味」のあるアミノ酸は摂取しますが、「グルコース」や「スクロース」などの糖類は、積極的には摂取しないようです。

■「塩味」はナトリウムの味

「塩味」は「イオン」が「味蕾細胞」のチャネルを通過することによって感じます。

「塩味」の代表といえば「塩化ナトリウム」ですが、「塩化ナトリウム」以外は、「塩味」と認識しにくいです。減塩としてよく「塩化カリウム」が使われますが、「塩化ナトリウム」と比べて苦味があって、あまりおいしくはありません。

他にも「塩味」を示す化合物は数多くありますが、どれも違和感が残ります。

ただ、不純物を含む「食塩」のほうが、純粋な「塩化ナトリウム」よりも味が「まろやか」に感じられます。

これは、複雑に絡み合った「不純物」による雑味が、深い味わいを作り出すからだと思われます。

たとえば、日本料理でも山菜なんかを扱う場合、普通は調理する前に塩で揉んで、「えぐ味」や「渋味」を取り除いたりします。

しかし、逆に、それこそが素材のもつ味わいと考え、まったくしない料理人もいます。

また、お菓子に使う餡子を作る際にも、小豆を煮るときに灰汁を取る人と、逆に、それが味わいと考えて、あえて取らない人がいます。

「塩化ナトリウム」($NaCl$)では、「ナトリウムイオン」(Na^+)かそれとも「塩化物イオン」(Cl^-)か、どちらが「塩味」の主役なのかが長年論じられてきました。

しかし、今ではやはり「ナトリウムイオン」(Na^+)が主役であると結論付けられています。

ただ、「塩化物イオン」(Cl^-)などの陰イオンも「塩味」に影響を与えることが分かっており、陰イオンが「塩化物イオン」(Cl^-)であるとき、つまり構造が「塩化ナトリウム」($NaCl$)のときに、「塩味」をいちばん強く感じることが分かっています。

■「酸味」は酸性の味

「酸味」は「塩味」と同様に、「イオン」が「味蕾細胞」のチャネルを通過することによって感じます。

「酸味」を感じる「イオン」は、「水素イオン」(H^+）です。
したがって、「酸味」は食材の「発酵」や「腐敗」によって生じた「酢酸」や、果物などに含まれる「クエン酸」などの酸性を示す化合物によって感じます。
学校の化学で習う「硝酸」や「硫酸」などの酸も毒性はありますが、味わえばきちんと「酸味」を感じるはずです。
なお、「腐敗」と「発酵」の違いは科学的には明確でなく、私たちにとって、都合の悪い物質が生じる場合を「腐敗」と言い、逆に、都合の良い物質が生じる場合を「発酵」と呼んでいます。生じるものが液体なら、特に「醸造」と呼ぶ場合もあります。
発酵食品は数限りなくあり、「日本酒」や「焼酎」「紅茶」「味噌」「醤油」などはその代表格です。

＊

また、梅干などの「酸味」の強い食べ物を食べると、唾液が大量に分泌されますが、これにはきちんとした理由があります。
唾液には「炭酸水素イオン」などのイオンが含まれており、唾液は酸性を弱める「緩衝液」になっているのです。
そのため、「酸」を含んだ食べ物を食べると、唾液が大量に分泌され、唾液の「緩衝作用」によって「中和反応」が進行して、「酸味」が和らぐのです。
よく夏みかんを食べるときに、「重曹」（炭酸水素ナトリウム）を夏みかんに振りかけて食べたりしますが、これは「重曹」の「緩衝作用」を利用したものです。

■「苦味」は毒の味？

「苦味」は他の４つの基本味とは異なり、「危険信号」の意味合いが強いです。

子供が苦い食べ物を初めて口にしたとき、思わず口から吐き出してしまうように、もともと「苦味」というものは、「毒の味」と認識されていたのです。
たとえば、「毒」として有名なトリカブトやジャガイモの芽には、「アコニチン」や「ソラニン」などの、**アルカロイド**と呼ばれる種類の毒が含まれています。

「アルカロイド」は窒素原子を含む天然由来の有機化合物の総称であり、ほとんどの「アルカロイド」は「苦味」をもちます。植物は、動物から自身を防御するために、進化の過程で、「アルカロイド」を生産する能力を身に付けたと

第2章 「おいしさ」の科学

言われています。

*

実は、ここには面白い推測があります。

爬虫類には「苦味」を検知する能力がごく限られているので、これが6,500万年前の「恐竜絶滅」の1つの原因であった、というものです。

というのは、「アルカロイド」をもつ「被子植物」が現われたのと、ほぼ同じ時期に「恐竜」が絶滅したからです。

しかし、現在は、小惑星「バティスティーナ」が別の小惑星とぶつかって砕け、その破片の1つが、「隕石」となって地球に衝突。

> 「発生した火災と、衝突時に巻き上げられた粉塵が、太陽の光を遮り、それが地球規模の気温低下を引き起こし、大量絶滅につながった。」

という「隕石説」が最も有力です。

この「隕石」はメキシコのユカタン半島北部を直撃し、現在ではここに直径180 kmのクレーターがあります。

あまりにも大きいため、宇宙から見て、やっとクレーターが円状になっているのが確認できる程度。当初はただの窪地だと思われていたようです。

このとき落下した隕石の直径は10 kmほどで、これが10,000 km/hという想像を絶する速さで落下してきたようです。

しかしながら、「アルカロイド」という「苦味」をもつ毒が原因で、恐竜が絶滅したとする「アルカロイド中毒説」も、説としては面白いと思います。

*

また、子供の嫌いな野菜といえば、ピーマンです。

ピーマンの「苦味」も「アトロピン」と呼ばれるアルカロイドが原因であると言われています。

ただし、ピーマンに含まれる「アトロピン」は微量なので、普通に食べるぶんには、何も心配する必要はありません。

つまり、「子供のピーマン嫌い」は動物としては自然な反応であり、「苦味」は「毒」を予測するセンサーでもあったのです。

実際にそういう役割もあり、「苦味」を感じる舌の感度は、「甘味」の1,000倍以上です。

しかし、コーヒーや魚の内蔵などの「苦味」をもった食品を愛好する人も多

く、適度な「苦味」は「おいしい」と親しまれる場合もあります。
　これは、人間が成長して経験を積むとともに、「苦くても毒ではない」と学習できるからだと考えられます。
　苦い食べ物が苦手な人でも、訓練すれば食べられるかもしれません。

＊

「仕事終わりのビール」は、特においしく感じます。これにも科学的な理由があります。
　仕事などでストレスを感じると、「苦味」を抑制する物質が、唾液中に分泌されるからです。
　それ故に、通常では「苦い」と敬遠する食物でも、仕事終わりでは、抵抗なく食べられるようになるのです。

　ちなみに、ビールの苦味成分は「イソフムロン類」と呼ばれる化合物によるもので、ビール作りに欠かせないホップに含まれる「ムフロン類」が、製造過程で「異性化」されて生成します。
　ホップはビールに独特の芳香と爽快な苦味を与え、泡立ちにも寄与し、雑菌の繁殖を抑える働きをしています。

　しかしながら、ホップ由来の苦味物質である「イソフムロン類」に、意外な生理活性作用があることが近年明らかになっています。
　「イソムフロン類」が、肥満や糖尿病、動脈硬化などの予防や、その改善、発ガンの抑制効果など、広範囲の生活習慣病に効果がある可能性が、動物実験などによって明らかになってきたのです。
　ただし、過度のアルコール摂取は、肝機能の低下など健康を害するので、ビールの多飲が生活習慣病の予防になるわけではありません。

■「うま味」はタンパク質のセンサー

　「うま味」は、昆布などに含まれる「グルタミン酸」の他に、カニに含まれる「グリシン」、貝類に含まれる「アラニン」、シイタケに含まれる「グアニル酸」、鰹節や豚肉などに含まれる「イノシン酸」などによって感じます。

　「グルタミン酸」や「グリシン」「アラニン」は、タンパク質の原料になるアミノ酸の一種で、「イノシン酸」や「グアニル酸」は、DNA（デオキシリボ核酸）の原料となるヌクレオチドの一種です。

特に「グルタミン酸」は、脳内で記憶、学習、認知などの脳高次機能に、重要な役割を果たす神経伝達物質であることが知られています。

　「うま味」は、並木満夫が世界食品科学工学会で「umami」と世界中に宣言して以来、日本だけでなく世界中で、「うま味」をそのまま「umami」として使うことが今でもあります。

　しかし、「うま味」を英語における「savory」（肉料理の風味がある）や「brothy」（肉の煮汁の風味がある）と表現する場合もあるように、「うま味物質」というものは、もともとタンパク質をふんだんに含む「肉類」に多く含まれているのです。

　つまり、「うま味物質」はタンパク質の存在を知らせる「センサー」にもなっており、タンパク質やDNAの原料となる、非常に重要な物質なので、食べると「おいしい」と感じるのでしょうね。

　しかし、「うま味物質」の中には「毒性」のあるものもあり、「ベニテングタケ」や「イボテングタケ」などのキノコに含まれる「イボテン酸」は、「グルタミン酸」よりも一層強い「うま味」を感じさせますが、中枢神経系に存在する「グルタミン酸受容体」に作用して、強い「毒性」を示します。

　「イボテン酸」を含むキノコは、うま味調味料を振りかけたような食味で、非常に美味だと言われています。

図13　「ベニテングタケ」の傘の表面のイボは、「うま味成分」の「イボテン酸」の塊

*

　ちなみに、「グルタミン酸」を「単量体」として、「グルタミン酸」がいくつもつながった「重合体」のことを「ポリグルタミン酸」と言いますが、「ポリグルタミン酸」は納豆の粘質物の主成分であることが知られています。

農林水産省食品総合研究所の実験によると、納豆に含まれる「遊離アミノ酸」の量は、かき混ぜる回数が多いほど、増加することが分かったそうです。
　実験によると、「遊離アミノ酸」の量は、かき混ぜる回数が300回になったところでピークとなり、それ以上ではいくらかき混ぜても、「遊離アミノ酸」の量はほとんど変わらなかったそうです。

　これは、納豆をかき混ぜることで、ペプチド分解酵素である「プロテアーゼ」による「ポリグルタミン酸」の加水分解反応が進行し、「グルタミン酸」が遊離するようになるからだと考えられます。
　また、納豆に含まれる「遊離グルタミン酸」の量は、保存期間が長くなるほど多くなり、納豆は製造日直後よりも、賞味期限切れ間近に食べるほうが「おいしい」ようです。

■「味覚地図」は本当なのか

　つい最近まで、「舌の先端に『甘味』や『塩味』を感じる部分があり、舌の奥に『苦味』を感じる部分がある」というような、舌の上には「味覚地図」があるという誤った説が、学校の教科書だけでなく、医学の専門書にまで掲載されていました。
　そもそも、この説を世に広めたのが、栄養学者でも生理学者でもない、エドウィン・ボーリング（アメリカ心理学会の学長も務めた大物です）という心理学者なのです。
　簡単な実験をすれば、誰でも誤りであるとすぐに分かることなのですが、一度権威のある専門書に載ってしまうと、なかなかそれを疑うことができなかったのです。

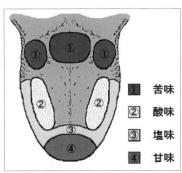

図14　エドウィン・ボーリングの「味覚地図」は誤りだった

1974年には、ヴァージニア・コリングスが、ボーリングの実験データを再確認する実験を行ない、「舌の部位によって感じる基本味の感度には、変化は認められるものの、それは非常に小さくて、取るに足りないものだ」と結論付けています。
　ところが、ワイングラスメーカーは、コリングスの実験データの「感度の変化がある」という部分のみを強調し、それ以外の実験データを無視したのです。

　ワイングラスメーカーによると、「ワイングラスはその独特的な形状のために、ワインを飲むときは顔を垂直以上に傾ける必要がある。そうすることで、舌の奥までスッとワインが届き、ワインを舌の両側にある『酸味を感じる部分』に触れさせずに楽しむことができる」というのです。

　つまり、ワイングラスメーカーは、その形状の科学的な裏付けが欲しかったと思われます。ワイングラスの上部が少しすぼまっているのは、ワインの香りを構成する揮発性成分が逃げないようにするための工夫です。
　このような影響もあって、未だに「味覚地図」を信じている人がいるのも事実です。

■味蕾細胞

　舌の上には、乳首の形をした三種類の「乳頭」(「有郭乳頭」「葉状乳頭」「茸状乳頭」)があります。
　「乳頭」は舌だけでなく、喉や軟口蓋にも存在しており、ビールや水などの「喉越しのうまさ」は、この部分で感じることが分かっています。

　「乳頭」のそれぞれには「**味蕾細胞**」があり、食べ物を口に入れて噛むと、咀嚼運動によって、味分子は唾液中に溶解します。
　それが「味蕾細胞」の受容体に結合することで、脳に情報が伝わって、味を感じる、と考えられています。

　「5基本味」のうち、「甘味」と「うま味」には、それぞれに対応した「受容体」があり、「塩味」と「酸味」は、イオンが「イオンチャネル」を通過することによって味を感じます。
　一方で、「苦味」には、特定の「受容体」はなく、「甘味」や「うま味」の「受容体」に結合することによって味を感じている、と考えられています。

「味蕾細胞」の数は、成人でおよそ5,000〜7,500個であり、ウサギでは約17,000個、ウシでは約25,000個、身体全体で味を感じるナマズに至っては、「味蕾細胞」が体表面にも存在するので、その数は約100,000個にも達すると言われています。

また、チョウやハエは、脚の先に「味蕾細胞」があり、そこで味を感じることができます。
イヌやネコは、「味蕾細胞」の数が1,000〜2,000個と少なく、人間ほどには敏感な味覚はもっていないようです。

ちなみに、「味蕾細胞」は人間の乳児では約12,000個も存在すると言われており、乳児は成人より敏感に味覚を感じ取っていると思われます。
母乳に含まれるアミノ酸の半分は、「グルタミン酸」であることが分かっており、母乳は私たちにとって、初めての「うま味」との出会いと言えるでしょう。

乳児は、腐敗や毒を連想させる「酸味」や「苦味」を嫌いますが、「甘味」や「うま味」を含んだ野菜スープなどでは、その心地良い味を好むことが知られています。
「味蕾細胞」の数は年齢とともに減ります。特に45歳以上では、その減り方が顕著になります。

さらに、近年では、味を感じない「味覚障害」の人が増えているといいます。
「味覚障害」の原因の多くは、薬の副作用と亜鉛不足によるものです。亜鉛が不足することによって、「味蕾細胞」の中にある「味細胞」の新陳代謝が滞るためだと言われています。

＊

ところで、2008年に「カルシウム」に反応する2種類の「受容体」が、マウスにあることが判明しました。
この「受容体」の遺伝子と似た遺伝子が人間にもあることから、「カルシウム味」が基本味の1つになる可能性があります。

さらに、2010年にはオーストラリアのディーキン大学の研究者たちが、「脂肪味」も基本味に加えるべきだ、と主張しています。
研究によると、「脂肪味」には閾値があり、「脂肪味」に対して敏感な人もいればそうでない人もいて、人によってさまざまであることが分かったそうです。

この研究の面白いところは、「脂肪味」に対して敏感な人は、脂肪の少ない食品でも満足でき、体重増や肥満が少ない傾向にあるということです。

肥満傾向にある人は、「脂肪味」を感じにくくなっているために、脂肪を多く含む食品をつい食べ過ぎているのかもしれません。

■「うま味調味料」は危険か

日本語で「おいしい！」というところを「うまい！」ということもあるように、日本人にとって「おいしさ」と「うま味」というものは、切っても切り離せない関係にあります。

しかし、「おいしさ」と「うま味」は同一のものではありません。「うま味」は味覚の1つであり、「おいしさ」とは味覚などを統合した感覚なのですから。

*

今や「うま味」は、「味の素」や「味覇（ウェイパー：中華風調味料）」などの「化学調味料」の普及によって、私たちの食卓に身近なものとなっています。

「うま味調味料」の代表格といえば「味の素」ですが、「味の素」をはじめとして、多くの化学調味料はその安全性に疑問を持たれていることが多いです。

たとえば、「うま味物質」には、発ガン性があるとか、神経毒性があるとか……。世間にはそのようなぞっとする意見が目立ちます。

まず、先に断言しておきますが、「うま味調味料」は普通に使う分には何の危険性もありません。むしろ、「うま味調味料」を上手く活用することによって、料理のレベルは何段階も上がるのです。

「うま味物質」の中でも、いちばん有名なのは、「グルタミン酸」です。

「味の素」は「グルタミン酸」のナトリウム塩である「グルタミン酸ナトリウム」が主成分（97.5%）であり、ほぼ純粋な「グルタミン酸ナトリウム」と考えることができます。

残りの成分（2.5%）は、「イノシン酸」などの核酸系なので、「味の素」は其の成分すべてが「うま味物質」であるということができます。

なお、「うま味」には「相乗効果」があり、「グルタミン酸ナトリウム」に「イノシン酸ナトリウム」をごく少量加えるだけで、その「うま味」が飛躍的に増

すことが知られています。

うま味の「相乗効果」は昔から料理に利用されています。

たとえば、日本料理の出汁を取る場合、「グルタミン酸ナトリウム」を含む昆布と「イノシン酸ナトリウム」を含む鰹節の両方を入れることで、料理の「うま味」が飛躍的に増します。

西洋料理でも、スープには肉と野菜の両方を使います。

これも肉からの「イノシン酸ナトリウム」と野菜から出る「グルタミン酸ナトリウム」の相乗効果を利用しています。

味噌は大豆から作られるアジアの伝統的な発酵食品です。

味噌汁では、大豆に含まれる「グルタミン酸ナトリウム」と煮干しや鰹節に含まれる「イノシン酸ナトリウム」との相乗効果によって、「うま味」が増強されています。

＊

ところで、「味の素」は、なぜわざわざ「グルタミン酸」のナトリウム塩を使っているのかご存知ですか？

私たちの舌は、「グルタミン酸」であろうと「グルタミン酸ナトリウム」であろうと、同じように「うま味」を感じることができます。

ほとんどのうま味調味料で使われている「グルタミン酸」はナトリウム塩ですが、わざわざナトリウム塩にしている理由は、「グルタミン酸」のままでは、「うま味」の他に「酸味」も感じてしまうからです。

「グルタミン酸」は酸性を示す「カルボキシ基」（−COOH）をもつため、水素イオンを電離して「酸味」を感じさせてしまいます。

したがって、「グルタミン酸」をナトリウム塩にすることによって「酸味」を和らげ、「グルタミン酸」の「うま味」を上手く引き出しているのです。

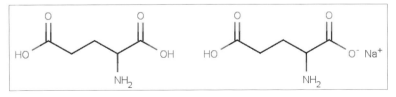

図15　「グルタミン酸」（左）と「グルタミン酸ナトリウム」（右）の構造式

しかし、ナトリウム塩にすると、「塩味」も出てしまうのではないかと思う人もいるかもしれません。
　確かに、「グルタミン酸」はナトリウム塩にすると、電離するナトリウムイオンによって「塩味」も出てしまいます。
　しかし、「塩味」と「うま味」の相性は抜群に良いことが分かっているので、ナトリウム塩でも調味料として成立しているのです。

　実際に、「味の素」をそのまま舐めたことがある人は分かると思いますが、「味の素」には食塩は一切含まれていないはずなのに、ほんのり「塩味」がすると思います。これは、電離するナトリウムイオンの影響であると考えられます。

　このように、うま味調味料には、「グルタミン酸」をナトリウム塩として使う理由がきちんとあるのですが、それを逆手に取って、「グルタミン酸」は「天然」に存在するうま味分子だから安全だが、うま味調味料は人工的に「化学合成」したナトリウム塩だから危険だ、などと非難する人がいます。
　確かに、「天然の昆布」などには「グルタミン酸」が多く含まれていますが、本質的には「グルタミン酸」も「グルタミン酸ナトリウム」も同じ物質なのです。
　そこに、「天然」と「化学合成」の違いは何もありません。
　「水素イオン」(H^+)や「ナトリウムイオン」(Na^+)などの陽イオンを電離した状態の「グルタミン酸イオン」が、「うま味」を感じさせる物質なのですから、この議論はまったく無意味なのです。

　ただ、「ナトリウム塩」にして何か弊害があるとすれば、それは、「塩分の過剰摂取」につながりかねないということです。

　「グルタミン酸ナトリウム」のモル質量（1 mol 当たりの質量）は、「食塩」の約2.9倍です。したがって、「ナトリウム分」の摂取量で考えると、「グルタミン酸ナトリウム」を29 g摂取すれば、それは「食塩」を10 g摂取したこととほぼ同じことになります。
　「グルタミン酸ナトリウム」は「塩味」を感じにくく、大量に摂取しても気付きにくいので、使うときは特に注意が必要です。

＊

　1960年以降から社会問題となっている「グルタミン酸ナトリウム症候群」（チャイニーズ・レストラン・シンドローム）も、「グルタミン酸」の摂り過ぎによるものではなく、単なる「塩分」の摂り過ぎによるものなのではないかと

私は思っています。

「食塩」の半数致死量「LD_{50}値」は3.5 g/kgですが、「グルタミン酸」の「LD_{50}値」は20 g/kgです。

「LD_{50}値」は、一般的に値が小さいほど危険性が高まるので、「グルタミン酸」よりも「食塩」のほうが、むしろ毒性が強いとも考えられます。

ちなみに、「グルタミン酸」の「LD_{50}値」は20 g/kgなので、体重60 kgの人が1,200 gの「グルタミン酸」を一度に摂取すると、その半数が死亡する計算になります。

しかし、これほどの量を一度に摂取するというのはまず考えられません。

実際に何度も行なわれた厳密な試験で、「グルタミン酸ナトリウム症候群」の症状と「グルタミン酸」の摂取には、何の関連もないことが示されています。

各国の食品科学委員会などでも検討が行なわれ、結局のところ、「グルタミン酸」は無実であるという結論が出ました。

■「グルタミン酸ナトリウム」(MSG)の使い方

「グルタミン酸ナトリウム」は英語だと「Monosodium Glutamate」と発音し、食品業界では頭文字を取って「MSG」と呼んでいます。

また、「グルタミン酸」はアミノ酸なので、「調味料(アミノ酸)」と表記されることも多いです。

*

「グルタミン酸ナトリウム」の製造法については、当初は小麦粉や石油由来成分である「アクリロニトリル」からの化学合成で試行錯誤していました。

しかし、現在では、サトウキビに含まれる炭水化物を「ミクロコッカス・グルタミカス」という微生物の働きで、「グルタミン酸」にする発酵生産の方法が用いられているようです。

昭和29年に取得された免許によると、100 gの「グルコース」から、約40 gの「グルタミン酸」を得ることができるとあります。

現在の製造法の詳細は不明ですが、基本は同じ方法で製造していると思われます。

*

第2章 「おいしさ」の科学

　また、「グルタミン酸」は「うま味物質」ですが、神経系では「神経伝達物質」の1つであり、記憶や学習などの高次機能に重要な役割を果たしていることが知られています。

　そのため、1960年に出版された林髞著『頭のよくなる本』光文社で、「グルタミン酸を食べれば頭が良くなる」という噂が広がり、それを信じた母親たちが、子供に「グルタミン酸ナトリウム」をご飯にまぶして食べさせる、という社会現象まで一時起こりました。

　この噂の真偽はすぐに否定されましたが、現在でもグルタミン酸が「脳の代謝を促す」とか「鬱を改善する」とかいう俗説を聞くことがあります。

　「グルタミン酸」は経口摂取しても脳には入り込まないことが分かっているので、少なくともそのような効果はないと思われます。

　ただし、最近では入院中の高齢者に「グルタミン酸」を多く含む食事を与えたところ、認知症の症状が改善したという報告もあります。もちろん、食事が「おいしく」感じるから、たくさん食べられるようになって、元気が出ただけ、という可能性もありますが。

*

　「グルタミン酸ナトリウム」を料理に添加するとき、「グルタミン酸ナトリウム」は多ければ多いほど「うまい」と、サラダに振りかける食塩のように"ダバダバ"と振りかける人がいますが、それは間違っています。

　一般的に、あらゆる感覚の強さは、与えられた刺激の強さには比例しないのです。これを心理学では、「スティーヴンスのべき法則」と言い、次のように表わします。

$$R = kS^n$$

　ここで、「S」は「物理的刺激量」、「R」は「心理的推定量」(感覚量)、「n」は「刺激の種類」によって定まる指数で、「k」は「刺激の種類」と使う単位によって決まる比例定数です。

　スティーヴンスの論文によると、電気ショックでは$n=3.5$、冷たさでは$n=1.7$、長さの見た目では$n=1$、暑さでは$n=0.7$、明るさでは$n=0.5$になることが分かっています。

　「味覚」の場合では、nが1より小さくなることが多く、そのため料理で加

える調味料を増やしていっても、「感覚量」は必ずしも比例せず、ある感覚量に収束していきます。

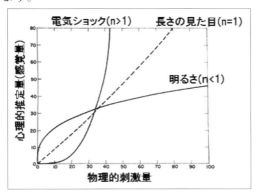

図16　スティーヴンスのべき法則
(Stevens,S.S「The psychophysics of sensory function」より一部改め引用)

「グルタミン酸ナトリウム」は、わずか濃度0.030％の水溶液でも、「うま味」を感じる化学物質です。

「グルタミン酸ナトリウム」を大量に加えるのは、塩分の摂り過ぎにもなり、身体の健康に良くありません。

「グルタミン酸ナトリウム」のようなうま味調味料は、料理にほんの少し、「隠し味」程度に加えるだけで良いのです。

＊

また、「グルタミン酸ナトリウム」は唾液にも少量含まれており、「甘味」や「塩味」などの味を際立てたり、抑えたり、まろやかにしたりする側面ももっています。

唾液が少ないときに「味」が薄く感じることがあるのは、そのためです。

唾液を洗い流す作用があるアルコールの肴が、「塩辛い味」にならざるを得ないのも理解できます。

＊

それでは、具体的に「グルタミン酸ナトリウム」は料理にどのくらい添加すれば、いちばん「おいしく」感じるのでしょうか。

その結論に触れる前に、次の図17に「うま味」と「甘味」「塩味」「酸味」「苦味」との関係を示します。

図17において、「スクロース」(砂糖)は「甘味」、「塩化ナトリウム」(食塩)は「塩味」、「酒石酸」は「酸味」、「キニーネ」は「苦味」を感じる物質です。

グラフでは、それぞれの濃度について、「グルタミン酸ナトリウム」が100％のときの「うま味の強さ」を100として、相対的に「うま味の強さ」を示しています。

4つのグラフから言えることは、「塩化ナトリウム」と「グルタミン酸ナトリウム」の相性が、抜群に良いということです。

他の物質については、いずれの濃度でも「グルタミン酸ナトリウム」の「うま味」が弱くなってしまいますが、「塩化ナトリウム」だけは、ある濃度においては、逆に「うま味」を強めていることが分かります。

また、「グルタミン酸ナトリウム」の量が多すぎても少なすぎても、強い「うま味」が得られないというのは、大変興味深いことです。

これは、「グルタミン酸ナトリウム」の量が、「うま味」に単純に相関しないということを如実に示しています。

つまり、「グルタミン酸ナトリウム」の「うま味」を最大限に引き出すには、「塩化ナトリウム」すなわち「食塩」の濃度に合わせて、「グルタミン酸ナトリウム」の分量を決めてやればいいのです。

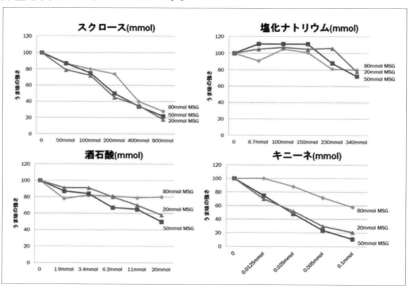

図17 「グルタミン酸ナトリウム」(MSG)と「甘味」「塩味」「酸味」「苦味」との関係
（太田静行「うま味調味料の知識」より一部改め引用）

それでは、いったいどのくらいの比率で「グルタミン酸ナトリウム」と「食塩」を使えばいいのでしょうか。

80 mmolの「グルタミン酸ナトリウム」の質量は約14 g、50 mmolの質量は約8.5 g、20 mmolの質量は約3.4 gです。

一般の家庭料理に使うには、減塩のことも考えて、「グルタミン酸ナトリウム」は20 mmolスケールで考えていいでしょう。
20 mmolの「グルタミン酸ナトリウム」に対して、「うま味」が増加しているポイントは、「塩化ナトリウム」が「0〜230 mmol」の範囲です。

「塩化ナトリウム」のモル質量は58.5 g/molなので、「塩化ナトリウム」の質量が約13.4 g以下の範囲で、「うま味」が増加するということが分かります。

つまり、「グルタミン酸ナトリウム」を料理に添加する際には、「食塩」約13.4 gに対して3.4 gを加えれば充分であるということです。
5人ぶんぐらいの料理を作るときは、この比率で作れば問題ありません。
ただし、これは計算上のことであって、実際は食材自体にも「グルタミン酸」が含まれていますし、他の調味料にも「食塩」が含まれているので、料理によっては補正が必要になります。

結局のところ、「グルタミン酸ナトリウム」はどの程度加えるのが最適なのかというと、「味付けとして加える食塩の質量の20%ほどを加える」だけで充分だと思います。
それ以上は、「うま味」の増加も少ないですし、「塩分の過剰摂取」にもつながってしまいます。

「グルタミン酸ナトリウム」はこのように上手く使えば、いつもの料理をさらに「おいしく」することができます。
「化学調味料」だからといって毛嫌いしないで、いろいろな料理に、ぜひとも活用してみてください。

2章参考文献

太田静行	「うま味調味料の知識」幸書房
都甲潔/飯山悟	「トコトン追究 食品・料理・味覚の科学」講談社
日本うま味調味料協会(https://www.umamikyo.gr.jp/index.html)	
P.W.ATKINS	「分子と人間」東京化学同人
S.S.Stevens	「The psychophysics of sensory function」Sigma Xi
薬理凶室	「アリエナイ理科ノ教科書Ⅲ C」三才ブックス
山崎幹夫	「新化学読本」白日社
佐藤健太郎	「炭素文明論」新潮社
佐藤健太郎	『化学で「透明人間」になれますか?』光文社
竹内薫	「怖くて眠れなくなる科学」PHP研究所
竹村真由美	「納豆の保存中における成分変化」

第3章
「料理」の科学

- ■「料理」の「加熱」
- ■「焼く」は「料理法」の「王道」
- ■「炒める」と言えば「中華料理」
- ■「揚(あ)げる」は最短の料理法
- ■「煮る」は安全牌?
- ■「蒸す」は素材を活かす
- ■「焼いた肉」のおいしさ
- ■メイラード反応
- ■「魚の刺身」は「死後硬直」中に食べる?
- ■ウルトラ・ファイン・バブル
- ■料理を「おいしい」と感じるのはなぜか
- ■「本能的」に「おいしい」と感じる「味覚」

「料理」の科学

> 多くの「料理」には、一般的に「加熱」が行なわれます。
> この「加熱」には、さまざまな方法があり、私たちは食材に合った「加熱方法」を選択する必要があります。
> さらに、「料理の加熱」の過程には、食材をより「おいしくする」秘密が隠されているのです。
> この章では、「料理」を科学していきます。

■「料理」の加熱

「料理」とは、食品や食材を調味料などと合わせて「加工」することです。

その「加工」には、「加熱」「発酵」「冷却」「撹拌」などさまざまなものがありますが、多くの料理には、「加熱」が行なわれます。

「加熱」をすることによって、食感が良くなったり、風味が増したりして、料理がおいしくなるのはもちろんですが、「加熱」することによって、病気の原因となる寄生虫や微生物を殺すこともできるのです。

料理で行なう「加熱」の方法には、「焼く」「炒める」「揚げる」「煮る」「蒸す」の5つが考えられます。

■「焼く」は料理法の王道

「焼く」は、人類が火を発見したときから始められた、最も古い原始的な料理法です。

たかだか1万年ほどの歴史しかない「煮る」や「蒸す」、油を使いこなすようになってから可能になった「炒める」や「揚げる」という料理法に比べて、「焼く」は桁外れに歴史が古いのです。

人類が火を日常的に使い始めたのが12万5千年ほど前と言われていますから、「焼く」はまさに「料理法の王道」です。

「焼く」は「直火焼き」「炭火焼き」「鉄板焼き」「炙り焼き」など、その焼き方は多岐に渡ります。

しかし、基本的には、「焼く」は、炎などの熱源の放射熱や、空気を媒体としての熱の対流を利用して、食材を加熱する方法です。

炎は触れれば火傷しますし、熱いのは分かりきっていることです。しかし、私たちは直接炎に触れなくとも、炎の熱を肌で感じることができます。簡単に言えば、この温かさが「放射熱」と呼ばれるもので、「遠赤外線」が原因です。

「遠赤外線」は電磁波の一種であり、水分子などに「運動エネルギー」を与えることで、温度を上げる効果があります。
炎からは「遠赤外線」が出ているので、離れていても温かく感じるのです。

この遠赤外線を上手く生かした料理法が、「炭火焼き」です。
地球上のすべての物質は、「プランクの法則」に従って、多かれ少なかれ遠赤外線を放射しています。
特に「木炭」は遠赤外線を多く放射する物質として知られており、その発生量は、ガス火のおよそ4倍とも言われています。
「肉を焼くとなれば最上は炭で焼くこと」とはよく言いますが、これにはきちんとした科学的根拠があるのです。

「遠赤外線」は電磁波なので、風などの空気の影響を受けません。
また、加熱効率が非常に良いため、短時間で調理をすませることができ、「肉の脂」や「うま味」を食材に閉じ込めることができるのです。

さらに、そのような「遠赤外線」の効果だけでなく、炭火によって肉の表面に炭の香りやミネラルを含んだ炭の灰が付着することで、肉の味わいが増す効果もあるので、炭火で焼いた肉は特においしいのです。

特に「直火焼き」に近い状態で焼いた場合は、いわゆる「バーベキュー」と同じで、肉から滴り落ちる肉汁や脂の成分が、炭火中で加熱され分解する過程で、種々の揮発性成分を生じ、これが肉に独特の香りを与えることになります。

図18　「遠赤外線」を大量に放出する「炭火」

■「炒める」と言えば中華料理

　「炒める」は、フライパンなどの加熱容器に少量の油を入れ、野菜や肉などの食材を、かき混ぜながら加熱して調理する料理法です。
　「焼く」との区別は曖昧ですが、「炒める」は、「油を使って食材を撹拌しながら加熱する」という違いがあります。

　「炒める」は、「野菜炒め」「炒飯」「焼きそば」などで行なわれる一般的な料理法であり、その真髄は「油」を使いこなすことにあります。

　「油」の比熱は水の1/2以下であり、わずかな熱でも温度が上がりやすいのです。
　また、「油」が容器一面に広がることによって、加熱の温度を均一にでき、容器と食材の間に油膜が出来ることによって、食材と容器の付着を防ぐという役割も果たしています。
　さらには、油に「脂溶性の香り分子」を溶解させることで、食材にいろいろな香りを付けることもでき、具材に油膜が張ることによって、味にまろみや風味が出るのです。

＊

　食材を「炒める」ときには、通常はフライパンなどを充分に空焼きして、水分を飛ばしてから油を少量入れ、その後に食材を入れて炒めます。
　このとき、フライパンの大きさと炒める食材の量との均衡を、適度にする必要があります。

食材を入れ過ぎると、上手く撹拌できなくなって、熱の分布が不均一になり、理想的な加熱ができなくなってしまうのです。
　一般的には、フライパンの容量の半分ぐらいの量が良いとされています。

　また、「テフロン製のフライパン」などは、空焼きをすると表面のコーティングが劣化する上、「テフロン」は油を弾いてしまい、表面に均一な油膜ができにくくなります。ですから、本格的な炒め料理をするときは、やはり「鉄製のフライパン」に限ります。

　「鉄製のフライパン」は油がよくなじんで、表面に薄い油膜が出来るので、食材に均一に熱が入るのです。
　さらには、フライパンから「鉄分」が溶け出して食材に吸収されることで、「鉄分」の摂取量が増えるという利点もあります。

　また、食材を炒めるときは、強火で短時間で調理するのが基本です。
　炒め料理は、短時間でも強火なので、しっかりと食材の内部まで熱が入っており、野菜などは、食感が生に近い"シャキシャキ"の状態に仕上がります。

　一般的に「炒め料理」と言ったら、やはり思いつくのは「中華料理」です。
　中華料理はこの「炒め」の技術が特に優れており、厚手の中華鍋などは、強火で食材を加熱するのに最適な構造です。

　中華鍋は鉄製で重く分厚いため、熱容量が非常に大きいです。それ故に、食材を加えても鍋の温度が下がりにくく、さらに底面が曲面になっているため、表面積が大きくなり、すべての食材に均一に熱を加えることができるのです。
　「中華料理は火加減が命」とはよく言ったものですが、中華鍋はまさに中国人が叡智を尽くして作った調理器具なのですね。

図19　中華鍋は「炒め料理」に最適な構造である

■「揚げる」は最短の料理法

「揚げる」は、100℃以上の高温に熱した多量の油の中で食材を加熱し、油の対流によって熱を伝える料理法です。

「液体の対流による加熱」であることが「煮る」に似ています。しかし、揚げ物に使われる油は、沸点が100℃を超えるので、水で「煮る」のとは異なり、「短時間」で「高温」の加熱調理ができます。

このように、「揚げる」と「煮る」の最大の違いは、「液体の温度」です。たとえ油で揚げていても、100℃以下の温度で調理する場合は、普通は「揚げる」とは言いません。

また、「油」は熱を伝えるだけでなく、食材に吸収されて、栄養価や風味を高める働きもします。

揚げ物の種類や揚げる条件によって異なりますが、揚げ物にはだいたい、その重量の10～40%程度の「揚げ油」が含まれると言います。したがって、「揚げ油」の品質は、揚げ物の品質に大きな影響をもつと言えるでしょう。

揚げ物は、通常150～190℃という高温で調理し、材料の水分を急速に蒸発させ、表面を熱変性させ、硬化させます。

「天ぷら」などをすると、調理時に"ブクブク"と食材から「泡」が出ますが、あれは食材の水分が蒸発して生じた「水蒸気」です。

揚げ物は、このように表面の水分を失って硬化することで、表面が"サク

サク"とした食感になるのです。

　また、天ぷらの変わり種として、「アイスクリームの天ぷら」がありますが、これは「揚げる」が「短時間で終わる」料理法だから可能なことです。
　「高温」でかつ「短時間で終わる」料理方法であることが、揚げ物の加熱の最大の特色なのです。

図20　「天ぷら」は油の沸点の高さを利用している

■「煮る」は安全牌？

　「煮る」は、水を媒体にして熱の対流を利用する料理法で、最大の利点は、温度管理がしやすいことです。
　水は圧力鍋などを使わない限り、100℃までしか温度が上がりません。それ以上の加熱をしても、水蒸気になるだけです。
　したがって、水がある限り、食材の温度は100℃を超えないので、食材は焦げることがなく、長い時間加熱できるのです。

　さらに、水を媒体にした加熱料理は、「溶媒」としての水の性質に着目する必要があります。
　「溶媒」としての水は、食材中の「水溶性の成分」を溶解させたり、食材に味を付けるための「調味料の運搬役」となったり、大きな比熱を生かして「食材を保温」したりと、さまざまな働きをします。

　複数の材料を組み合わせて、加熱と同時に味付けもできる料理法は、煮物しかありません。

図21 「煮物」は温度管理がしやすい

*

　人類が「煮る」という料理法を始めたのは、1万年ほど前に土器を発明してからだと言われています。これから人類は、ほとんど何でも食べられるようになりました。

　それまで、ある種の野草などは、「苦味」や「渋味」があるため、食べることができませんでした。それが、野草をわら灰や木炭を溶いた「アルカリ性の水」で煮ることで、灰汁が抜けて、おいしく食べることができるようになったのです。

　この理由は、苦味や渋味の原因となる「有機酸」や「アルカロイド」が、「煮る」ことで水に溶け出してしまうからです。

　野山に生える植物をよく食べた縄文人も、このように土器で「灰汁抜き」をすることで、生活が可能になったと考えられています。

*

「闇鍋」というものがあります。

　鍋に汁を沸かし、明かりを消して各自持参の食べ物を入れ、"ぐつぐつ"煮てから明かりを点けます。

　お玉で思い思いにすくい出すと、何が出てくるか分からないところに楽しさがあるという趣向です。

　これが「闇焼き」や「闇蒸し」ではないところに注意してしてください。

　材料が何であろうと、食べられるところが、「煮る」操作の良いところです。

■「蒸す」は素材を活かす

　「蒸す」は、水を加熱し、発生した水蒸気の対流を利用して、食材を加熱する料理法です。

　水蒸気自体は加熱すれば100℃以上になりますが、蒸し料理は水蒸気の熱が食材に奪われていく過程で加熱をする料理法なので、食材の温度は100℃以上にならずに、ゆっくりと加熱できます。
　そのため、蒸し料理の仕上がりは、「ふっくら」「しっとり」とするのです。

　同じ水の対流を利用することは「煮る」と似ていますが、その違いは、「蒸す」が「気体の対流」を利用することです。

　したがって、「煮る」ことによって生じる、うま味や栄養の流失が、極めて少ないのです。
　さらに、液体の中では、水の物理的な動きによって食材は煮崩れしてしまうことがありますが、「蒸す」では、その型崩れが起きることがなく、きれいな状態で仕上げることができます。
　つまり、「蒸し料理」は持ち味をそのまま活かす料理に最適なのです。

　「蒸し料理」に向いているのは、大型で適度な水分を含み、焦がさずに長時間加熱したいものです。
　こういう条件にピッタリなのが、「サツマイモ」や「トウモロコシ」などのデンプンを多く含む食材です。
　また、「シュウマイ」や「饅頭」のように、小麦粉をこねて固めた料理も良いと思います。
　ただし、食材中の水分が少ないと、凝縮した水が吸収され、逆に、食材中の水分が多いと、水分が流れ出すことがあるので、注意が必要です。

　一昔前の日本では、どの家庭にも「蒸籠」などの蒸し器がありました。
　「茶碗蒸し」や「赤飯」などの蒸し料理は、家庭料理の定番だったのです。
　今では、「電子レンジ」がちょうど蒸し器のような働きもできるので、その座に取って代わっていますが、やはり電子レンジよりも本物の蒸し器で作った「蒸し料理」のほうが、格別においしく感じます。

図22 「蒸籠」で「蒸し料理」を作る

＊

なお、電子レンジは「マグネトロン」という装置で発生させた「マイクロ波」を食品に吸収させ、食品自身を発熱させて加熱する調理機器です。

現在、日本で電子レンジに使われている「マイクロ波」は、周波数が2,450 MHzの電磁波です。

「2,450 MHz」とは、波が1秒間に24億5千万回振動するということです。

電子レンジの原理は、1秒間に24億5千万回という速い回数でもって、食品に「交番電場」をかけることにあります。

電場が逆転するたび、食品中の水分子は電場の方向に沿う並び方に向きを変えます。向きを変えるたびに、水分子同士の「摩擦熱」を生じ、この熱によって、食品を加熱するのです。

■「焼いた肉」のおいしさ

「焼いた肉」は、なぜおいしいのでしょうか。

肉を食べるときに、焼かずに生で食べる人はまずいないでしょう。

「タルタル・ステーキ」のように生食を楽しむ食べ方もありますが、肉は焼いて食べるのが一般的です。

その理由は、肉は焼いて食べることで食中毒などのリスクを減らすことが

できますし、何よりもおいしくなるからです。

人類は、大昔から狩猟によって動物を捕らえ、その肉を食べてきました。人類が火を発見する以前は、動物の肉は生で食べられていたのです。

生で食べるなんて、今では信じられませんが、それでも、動物の肉はおいしいので食べられていたのです。

図23　肉は生食よりも火を通したほうがおいしい

＊

動物は死ぬと、直ちに「死後硬直」を起こします。

その理由は、呼吸による筋肉への酸素供給が止まり、細胞の「好気的な代謝」（酸素を必要とする代謝）は停止しても、「嫌気的な代謝」（酸素を必要としない代謝）は継続して行なわれるからです。

すなわち、動物が死んでも、細胞では「解糖系」（グルコースの代謝経路）による代謝が続くのです。

これにより、筋肉中の「グリコーゲン」は「グルコース」に分解され、この「グルコース」が嫌気的に代謝されることで、「乳酸」になっていきます。

「乳酸」の濃度が大きくなっていくと、筋肉中のpHは低下していき、筋肉のタンパク質が変性して、硬い状態になります。この状態が、いわゆる「死後硬直」です。

筋肉は最大硬直を過ぎると、微生物やタンパク質分解酵素などの作用によって「自己消化」が始まり、軟らかくなります。

このときにタンパク質や筋肉中の「アデノシン三リン酸」(ATP)が分解され、各種の「アミノ酸」や「イノシン酸」などのうま味物質が生成するので、味がおいしくなります。

　食肉分野では、特にこれを「熟成」と呼び、2～4℃での貯蔵の場合、牛肉で約10日間、豚肉で3～5日間、鶏肉で2日間程度の熟成期間を要します。
　熟成の長いものでは、「乾燥熟成」(ドライエイジング)などの方法によって、4～8週間も熟成させることがあります。

　しかし、肉は、そのままでは筋繊維が「コラーゲン」の強靭な結合組織で囲まれていて、硬くて食べにくいです。

　「コラーゲン」は3本のポリペプチド鎖が「水素結合」により撚り合わさった分子構造です。その三重螺旋構造が、「コラーゲン」に特徴的な強さと硬さを与えています。

　「コラーゲン」は不思議なタンパク質です。
　加熱していくと、65℃付近で突然縮んで、最初の長さの1/3程度になって、硬くなります。
　ところが、さらに加熱していくと、70～75℃で「水素結合」による撚りがほぐれて、1本ずつの鎖に分かれ、非常に軟らかくなります(ゼラチン化)。これが「ゼラチン」であり、お菓子やゼリーに使う「ゼラチン」は、ウシやブタなどの骨や皮を煮て作ったものです。

　「コラーゲン」を「ゼラチン化」すると、結合組織の強靭な結合は弱くなり、筋繊維がほぐれて、肉は軟らかくなります。

　焼いた肉が軟らかく噛み切りやすいのはこのためです。
　しかしながら、肉は加熱とともに筋繊維のタンパク質の変性が始まるので、加熱し過ぎると、肉が硬くなっていきます。

　ステーキなどでは、「レア」「ミディアム」「ウェルダン」などさまざまな焼き方がありますが、加熱中の肉の硬さは、この「筋繊維の硬化」と「コラーゲンのゼラチン化」の進行の兼ね合いで決まるのです。

表24 「ステーキ」の焼き方と内部温度（日本食肉消費総合センターHPより引用）

焼き方	内部温度	特　徴
レア	55～65℃以下	表面は焼けているが、中は生の状態。中は鮮紅色で肉汁が多い。
ミディアム・レア	約65℃	レアよりは火が通っているが、肉の中心部はまだ生の状態。切ると赤い肉汁がうっすらとにじみ出る。
ミディアム	65～70℃	中心部はちょうどよい状態に火が通っており、薄いピンク色。切ると肉汁が少ししか出ない。
ウェルダン	70～80℃	表面も中も充分に火が通り、褐色で灰色がかっている。肉汁は少ない。

■メイラード反応

　肉は、焼くことによって、肉の脂が融解してとろみが増し、独特の風味と食感を生じて、おいしくなります。
　しかし、この焼くという過程には、肉をおいしくするもう1つの秘密が隠されているのです。

　肉を鉄板などで焼くと、肉の表面が"カリカリ"に焼けて、食欲をそそる、香ばしい匂いを発するようになります。
　これは、「**メイラード反応**」という化学反応が、肉の表面で進行しているからです。
　「メイラード反応」とは、「アミノ化物」と「還元糖」の混合物を150℃以上の温度で加熱したときなどに見られる、「褐色の重合体」を生成する反応のことです。
　「メイラード」は、発見者であるフランスの化学者「ルイ・カミーユ・メヤール」に由来し、「アミノーカルボニル反応」と言うこともあります。

　このとき生成する褐色物質は「メラノイジン」とも呼ばれ、さまざまな高分子化合物の混合物です。
　その化学構造はあまり詳しく分かっていませんが、各種の「複素芳香環」（窒素や酸素、硫黄原子などを含む芳香環）を含む、複雑な「重合体」であると推測されています。

　肉を焼いたときに表面が褐色になるのは、誰でも知っていることだと思いますが、あれは単なる「コゲ」ではないのです。

あの「コゲ」のようにも見える褐色物質こそ、肉をおいしくしている物質の正体です。

「メイラード反応」は、還元糖の「アルデヒド基」($-CHO$)にアミノ化物の「アミノ基」($-NH_2$)が「求核攻撃」して、「シッフ塩基」と呼ばれる化合物を作る反応から始まります。
　そして、数段階の反応および副反応を経て、「褐色物質」を生成していきます。
　このようにして生成した「褐色物質」は、特有の香気をもち、肉が焼けるときの香ばしい匂いは、この「褐色物質」の匂いであると言われています。
　また、この「褐色物質」は反応性が高いので抗酸化作用をもち、表面を焼いた肉は、生肉と比べて腐敗しにくくなります。

アミノ化物 (タンパク質やアミノ酸など)	+	還元糖 (ブドウ糖や果糖、麦芽糖など)	→	褐色物質 (メラノイジン)

　焼き上がったばかりの「ステーキ」をナイフで切ると、切り口から「肉汁」が流れ出てきます。
　「肉汁」のもとは、タンパク質に吸着した「水分子」であり、生の状態では、「水分子」はタンパク質にしっかりと固定されています。

　しかし、高温になると「水分子」の熱運動が激しくなり、活発に動き出すようになります。
　その結果、タンパク質の保水力が弱まり、「水分子」が自由に移動できるようになります。
　このため、焼き上がった肉をすぐに切り分けると、タンパク質から離れて自由に運動している「水分子」が、切り口から「肉汁」として外に出てしまいます。

　「ステーキ」を焼いたときには、すぐに切り分けず、アルミ箔に包んでしばらく置き、肉を「休ませる」と良いです。
　アルミニウムは熱伝導に優れるので、アルミ箔で包むと肉は少しずつ冷めていき、「水分子」の熱運動も小さくなり、水分が「肉汁」として流出するのを防ぐことができます。

このような「メイラード反応」は、他の食品にも多く見られます。
　食品工業においては、「メイラード反応」は、製品の着色香気成分の生成や抗酸化性成分の生成などに関わる、重要な反応とされています。

　たとえば、「タマネギ」を弱火でじっくりと炒めると、飴色になって香ばしい匂いがします。あれは「メイラード反応」が進行しているからです。

　他には、「コーヒー豆の焙煎」や「麦茶」「チョコレート」「味噌」「醤油」などの色素形成、「デミグラス・ソース」の褐変、「パン」や「ご飯」の「お焦げ」の形成など、身近には「メイラード反応」を利用した食品が意外に多いです。

　なお、「メイラード反応」において大切なことは、この反応は150℃以上の温度でしか起こらないということです。
　つまり、「煮たり」「蒸したり」といった料理では、不可能だということです。

　「焼く料理」では焼き跡がつき、これが視覚的に食欲をそそる効果も大きいですが、この焼き跡も「メラノイジン」に由来します。
　このような理由から、積極的に「メラノイジン」を作るため、みりんと醤油を混ぜたタレを使う「照り焼き」などもあります。
　また、「焼く」ことによって食材からの水分が減少するのも利点と考えられます。すなわち、「煮る」よりも「焼いた」ほうが、水分の減少が大きいので、味の成分が濃厚になって、おいしくなるのです。

＊

　この「メイラード反応」と似たような反応に、牛乳やスクロース（砂糖）などを煮詰めて進行させる「**カラメル化反応**」があります。
　これは、「メイラード反応」とは異なる反応です。
　「カラメル化反応」は、「糖類」だけを煮詰めて「褐色の重合体」を作る反応であるのに対して、「メイラード反応」は、「糖類」の他に「アミノ化物」も反応に必要だからです。

図25　「糖類」を強く熱すると、粘性が強くなり、褐色になる（カラメル化反応）

　ちなみに、「スクロース」は「還元糖」ではないので、「アミノ化物」と反応させても、「メイラード反応」は進行しません。
　しかし、「カラメル化反応」で生成するカラメルも、「メイラード反応」の褐色物質ほどではないものの、強い抗酸化作用があるため、食品工業では同じく重要な反応の1つとなっています。カラメルは色だけでなく風味もいいので、料理のおいしさに貢献しています。

＊

　「メイラード反応」は、着色や香気、抗酸化作用の働きがあるため、料理をおいしくするには必要不可欠な反応です。
　しかし、料理がおいしくなるからと言って加熱しすぎれば、当然、真っ黒に「焦げ」ます。

　「メイラード反応」を知らない人は、「褐色物質」も「コゲ」も、同じ物質のように思うかもしれませんが、生成はまったく別の反応機構です。

　「コゲ」を生成する反応は、一般的に「炭化反応」と言います。酸素を遮断した状態で有機化合物を加熱すると、有機化合物の熱分解が起こって、揮発性の低い炭素が残ってしまいます。
　つまり、加熱中に酸素の供給が不十分であると、「コゲ」が出来てしまうのです。

フライパンなどで肉を焼いているときに、うっかり放置して焦がしてしまった経験はありませんか？

このような「炭化反応」を進行させないようにするには、肉を適度にひっくり返したり、かき混ぜたりして、食材に充分な量の「酸素」を供給して、温度を上げ過ぎない必要があります。

食材を加熱するときにひっくり返すのは、食材に熱を満遍なく伝えるためですが、「炭化反応」の進行を阻害して、効率良く「メイラード反応」を進行させるためでもあります。

図26 「コゲ」には「ヘテロサイクリックアミン」などの発ガン性物質が含まれる

「コゲ」は栄養分を消失していて苦味があり、さらには「ヘテロサイクリックアミン」などの発ガン性物質が含まれています。

「コゲ」に含まれる発ガン性物質の濃度は微量だとも言われています。しかし、それ以前に、「コゲ」はおいしくないですし、進んで食べたいものではありません。

理論上は「酸素」の供給が充分なら、いくら強火で加熱しても「炭化反応」は進みませんが、タマネギなどの焦げやすい食材を、焦がさずに強火で調理するのは、不可能に近いです。

「メイラード反応」を選択的に進めるには、弱火でじっくりと加熱するのがいちばん良いのです。

一方で、「ヘテロサイクリックアミン」の作用は、食事内容によっては抑制されることが知られています。

たとえば、野菜類の繊維などは、一部の「ヘテロサイクリックアミン」を吸

着し、それを除去することが知られています。
　また、焼き魚や焼き肉で見られる「ヘテロサイクリックアミン」が、「大根おろし」で低下するという現象も認められています。

　これらの解毒機構の詳細については、未だ不明の点も多いのですが、私たちの食卓で、焼き魚や焼き肉に「大根おろし」が付けられることが多いのは、大変好ましいことであり、今後も生活の知恵として続けていきたい食習慣です。

■「魚の刺身」は死後硬直中に食べる？

　新鮮な動物や魚の肉を切り取って「生」で食べることは、人類史の初期の段階で行なわれてきたことです。
　しかし、人類が火を使いこなすようになってからは、生食の習慣は次第に廃れていき、加熱などの「調理」をして肉を食べるようになりました。
　それは、食中毒などのリスクを考えれば、当然のことかもしれません。
　加熱をすることで、動物や魚の肉は、ある程度の期間は保存ができるようになったのですから。

　しかし、日本は、四方を海で囲まれ、新鮮な魚介類がいつでも手に入るという恵まれた環境があったため、魚介類を「生」で食べる習慣が残りました。
　これは、世界的に見ても珍しい習慣です。
　現在、「寿司」や「刺身」などの日本料理は、世界的に楽しまれ、人気になっていますが、以前は「魚を生で食べるなんて……」というような悪いイメージがあったのです。

　日本人は、古くから魚を「生」で食べることを重要な文化として伝えてきました。これは、日本料理では「割主烹従(かっしゅほうじゅう)」と言い、「素材に手をあまり加えず、素材そのものの風味や良さを引き立たせる」という料理法が、尊重されていたからです。
　「割主烹従」の「割」とは「切る」こと、「烹」とは「煮たり」「焼いたり」すること、という意味。
　すなわち、「割主烹従」とは、「食材を切って生で食べることを主とし、煮たり焼いたりして食べることを従とする」ものなのです。

　このように日本料理は、食材を「切る」ことを非常に重視しており、食材を

「魚の刺身」は死後硬直中に食べる?

「切る」ことのみでおいしくするのが、日本料理の真髄なのです。

特に「刺身」などは、食材を「切る」ことのみで調理を終わらせる料理であり、古くから日本人に親しまれてきました。
「出刃」や「柳刃」といった和包丁は、世界的に見ても他に例を見ない「片刃」のナイフであり、慣れていなければ、真っすぐ切ることさえ難しいと言われています。
しかし、「片刃」の包丁は「両刃」の包丁と比べて、刃の食い込みが良く、切れ味が良いとされています。

そして、実はこの「刺身のおいしさ」にも、科学的な秘密が隠されているのです。

図27　刺身は「死後硬直」した魚を食べる

＊

魚肉と畜肉類では、その食べ方に大きな違いがあります。
畜肉類は強固な「コラーゲン」に囲まれた筋繊維をもつため、「死後硬直」中は硬くてうま味も少なく、しかも「ドリップ」(滲み出てくる水分)が多くて、とても食べられたものではありません。
ところが、「死後硬直」後は、自己消化による肉の熟成が始まり、「イノシン酸」などの「うま味成分」が増加して、おいしくなるのです。

しかし、畜肉類は熟成した肉でも、「生」でそのまま食べるということはあまりありません。
「馬刺し」などの例外はあるものの、畜肉は「焼いて食べる」のが一般的です。
それに対して、魚肉は「コラーゲン」の少ない、軟らかな筋肉からなるので、熟成を待たなくてもすぐに食べることができます。

この料理がまさに「魚の刺身」であり、刺身は「死後硬直」中の魚肉を食べているのです。
　「魚の刺身」は、より新鮮なものが好まれます。これは、新鮮なものほど「死後硬直」が顕著で、食感が良いとされるからです。
　ちなみに、同じ刺身でも、「馬刺し」などの畜肉類の刺身は、ある程度の熟成はさせています。これが畜肉類と魚肉の刺身の違いですね。

　とはいえ、「魚の刺身」は新鮮ならば何でも良いというわけではなく、たとえば魚を活けしめにしておくと、数時間経って「うま味」が増します。
　これは、やはり熟成が進み、うま味成分である「グルタミン酸」や「イノシン酸」が出来てくるからです。
　これは、魚をどう食べるかにもよります。
　たとえば、「マグロ」や「大型のヒラメ」などの魚は、畜肉類のように2〜3日熟成させてから食べるほうが良いとされます。

　また、同じ魚でも、関西地域では、うま味よりも食感を重視するため、活けしめ後なるべく早く食べる傾向があります。
　これは「活き造り」と呼び、宴会などではしばしば見られます。
　ときには、肉は骨から切り取られているのに、口の辺りが"ピクピク"と動いていることも珍しくありません。
　これは、海水や醤油などに含まれる「塩分」が筋肉に作用して、筋肉が収縮するためだと思われます。刺身になった魚が、まだ生きているわけではありません。

　一方で、関東地域では、肉質は軟らかくなりますが、しばらく熟成させてうまみ成分を増加させ、食感よりもうま味のほうを重視する傾向にあります。

図28　アジの活き造り

■魚の鮮度を保つ「ウルトラファインバブル」

　魚の鮮度を保つ技術は進歩していて、最近では、「ウルトラファインバブル」を用いた方法が注目を集めています。

　洗浄や殺菌作用などを備えた、液体中の微細気泡の総称を「ファインバブル」と言い、気泡の大きさによって、「マイクロバブル」と「ウルトラファインバブル」に分けられます。
　「ウルトラファインバブル」は「マイクロバブル」よりも細かく、大きさは「ナノレベル」です。
　「ウルトラファインバブル」は、「浮力」よりも「ブラウン運動」(微粒子の不規則な運動)の寄与のほうが大きいため、泡が浮上して消失してしまうようなことにはなりません。

　水揚げした魚を「ウルトラファインバブル」状態の窒素を含む氷水に10分間浸すだけで、魚の鮮度が長持ちするようになるのです。
　たとえば、この技術を使うことで、サバでは5日間、マグロでは20日間経過しても、生の刺身で食べることができるといいます。
　これは、「窒素バブル水」には普通の水の1/30の酸素しか存在していないため、雑菌が繁殖できないことによると考えられています。

　窒素バブル水を作るとき、「ウルトラファインバブル」の他に、大きな「窒素バブル」も入れます。
　すると、溶けている酸素は大きな「窒素バブル」に吸収され、浮力が大きくなって、空気中へ取り除かれます。
　このとき、外から酸素がやってきても、「ウルトラファインバブル」に吸収され、液の中で酸素の少ない状態が保たれるのです。

　また、魚を育てる際にも、「酸素バブル」を含む水で育てたほうが、早く生長することが分かっています。
　これは、魚が「酸素バブル」によって活性化し、餌をよく食べるようになるからです。「酸素バブル水」は、海水の約5倍の酸素を含むと言います。

　近い将来、漁業では「ウルトラファインバブル」が、股肱の臣になるかもしれません。

■料理を「おいしい」と感じるのはなぜか

　アメリカの心理学者であるアブラハム・マズローは、人間が生命を維持するための基本的な欲求である、「睡眠欲」「食欲」「排泄欲」を「生理的欲求」としました。

　極端なまでに生活上のあらゆるものを失った人間は、「生理的欲求」が他のどの欲求よりも最も主要な動機付けになることが知られています。
　これらの欲求は、まず何よりも優先される「本能の欲求」であり、脳の「**報酬系**」と呼ばれる神経系と密接な関わりがあります。
　つまり、これらの欲求が満たされたとき、私たちは「喜び」や「幸せ」を感じるように作られているのです。

　私たちは食物を口にするとき、「味覚」「嗅覚」「触覚」「視覚」「聴覚」の五感すべてを通じて食物を認識します。
　その「五感」を通じて得られる「喜び」や「幸せ」こそが「おいしさ」であり、「食物をおいしく食べる」ということは、「生理的欲求を満たし」「喜びや幸せを感じる」ということです。

　一般的に、私たちは、欠乏している栄養素などを摂取したとき、つまり、生理的欲求を満たす食物を食べたときは、「おいしい」と感じます。

　逆に、生理的に有害な物質、たとえば「毒」などに対しては、「苦味」などの情報から「まずい」と感じます。
　これは、毒となる「アルカロイド」が「苦味」をもつことが多いため、「苦味＝毒」と本能的に感じているからだと思われます。
　苦いものを乳児に与えると、乳児は口を「への字」に曲げて泣き出します。もって生まれた本能が、苦いものを避けさせるのです。

　単細胞生物である大腸菌や粘菌に苦いものを与えても、それを避けるような行動を取ります。
　このように食物を口にしたときに感じる本能的な感覚こそが、おいしさを決定する大きな要因です。

＊

　人間が食物を口にしたときに「味覚」から得る情報は、一般的に次のように

整理することができます。

表29　味覚から得る情報

基本味	代表的な物質	得られる情報	舌の感度
甘味	スクロース、グルコース	糖の存在	低い
塩味	食塩	ミネラルの存在	やや低い
酸味	酒石酸、クエン酸	腐敗物や未熟な果実の存在	高い
苦味	キニーネ、カフェイン	アルカロイドの存在	高い
うま味	グルタミン酸、イノシン酸	タンパク質の存在	低い

　普段、私たちは何気なく食物を口にして味わっています。そのとき、脳は無意識的に「味覚」からこれらの情報を読み取っているのです。

　「おいしい」と感じる食物に共通していることは、その食物の「栄養素」が生命を維持するのにプラスになっていることです。
　たとえば、運動をした後には「塩辛い」ものが食べたくなります。
　これは、身体の中で「ミネラル」が不足しているからです。
　したがって、「身体の中で欠乏した栄養素」は、「おいしく」感じるようになっています。
　これはとてもよく出来たシステムであり、人は「おいしい」と感じれば、その食物を本能的に摂取し続けます。
　逆に、「苦味」などを感じると、脳は本能的に「毒」の存在を予知し、まずいと感じさせ、食物の摂取を中止するのです。

　これが意味することは、「脳は身体に良いものを本能的に知っている」ということです。
　栄養学の概念がない動物なども、味覚から情報を読み取り、本能で身体に良いものを選択的に食べていると考えられます。
　こう考えると、凄いことだと思いませんか？

　東洋医学には「医食同源」という言葉があります。まさに、「食べる」ことは「病気を予防し、治療する」ことにもなるのです。

　ただ、科学が発達している現代では、本能に頼らなくても、私たちは身体に良い食べ物を選択的に摂取することができます。

たとえば、「青汁」などは「苦味」があって、本能的には「苦味＝毒」を予知させます。しかし、「ビタミン」や「ミネラル」が豊富なことを知識で知っているので、私たちは「おいしい」と思うことができるのです。

よく小さな子供は「野菜」を嫌いますが、これは、野菜は身体に良いのだということを知識で知らないからです。

確かに「ビタミン」や「ミネラル」は身体に必要な栄養素ですが、野菜を食べなくても、他の食物からある程度は摂取できる栄養素なので、本能的には「おいしい」と感じにくいのだと思われます。

よく大人になってから野菜が食べられるようになる人がいますが、これは「野菜は身体に良いのだ」ということを知識で理解するようになったからです。

したがって、野菜嫌いの子供には、「野菜は身体に良いのだ」ということを理解させれば、野菜を食べられるようになるかもしれません。

図30　青汁は「苦味」があって「アルカロイド」などの毒を連想させる

■本能的に「おいしい」と感じる味覚

しかしながら、知識で身体に良い食物をある程度見分けられるようになったからといって、私たちは本能の感覚を失うわけではありません。

基本的には、身体に良いものは「おいしい」と感じるように出来ているのです。

それでは、いったいどのような食物を食べたとき、本能的に「おいしい」と感じるのでしょうか。

味覚の中で、最も強く本能に「おいしい」と感じさせる味覚は、「甘味」だと思われます。

 これを意外に思う人は多いかもしれませんが、「甘味」は「糖」の存在を予知させる味覚です。

 「糖」は栄養でいうと「炭水化物」になります。「炭水化物」は動物の主要なエネルギー源です。

 特に脳では、大半のエネルギー源を「グルコース」(ブドウ糖)に依存しているので、「糖」は動物にとって最も重要なエネルギー源と言っても過言ではありません。

 「甘いものが嫌い」という人ももちろんいると思いますが、「糖」は「ご飯」や「麺」などの穀物にも含まれているので、これらのものまですべて嫌いだという人は、ほとんどいないのではないかと思います。

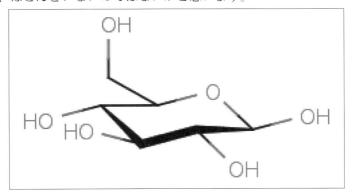

図31　「グルコース」は脳が活動するためのエネルギー源になる

＊

 このように「甘味」は、本能的に「おいしい」と感じる味覚なのですが、この「甘味」が「おいしい」と感じる理由には、実は大きな生理学的要因があります。

 人は甘いものを食べて「甘味」を感じると、脳の中で「β-エンドルフィン」などの脳内麻薬が分泌されることが分かっています。

 この「β-エンドルフィン」は脳内で麻薬のように働きかけ、「報酬系」に作用して「多幸感」を生じさせるのです。

 このように強く「報酬系」に作用するのは、味覚の中では「甘味」だけであり、このため「甘味」は特殊な味覚となっていると言うことができます。

 「砂糖依存症」という病気がありますが、これはまさに「糖」が「麻薬」であることを証明しているものです。

砂糖を過度に摂りすぎると、「ドラッグ」のように依存を形成してしまう場合があるのです。

「糖」は人間にとって大切なエネルギー源ですが、砂糖などの摂りすぎは、糖尿病の原因になる場合すらあります。甘い食物はほどほどにしましょう。

*

また、味覚ではないものの、糖と同じように「脂肪」が脳内の「報酬系」に作用することが分かっています。
一説によると、脂肪分の一部は体内で変化して、「アナンダミド」という化合物に変わります。どうやら、この化合物が「報酬系」に作用するらしいのです。

「脂肪」は栄養でいうと「脂質」で、三大栄養素の中では最も高カロリーな栄養素です。

文明が発達した今でこそ、人は「飢え」で死ぬことはほとんどなくなりましたが、人類史のほとんどの期間、人類は「飢え」との戦いでした。

人間の身体は、進化の過程で「飢え」に対して強くなるように適応してきました。つまり、「餓死」する人が多かったから、「飢え」に対して非常に強くなり、「脂肪」を身体に蓄積させるようになったわけです。

いつも食べるものがあるとは限らないので、食べたものが「脂肪」として身体に残った人のほうが、食料が乏しくなったときに生き延びる可能性が高くなります。

現に、人の身体で空腹時に働く血糖値を上げるホルモンは、「グルカゴン」や「アドレナリン」「コルチゾール」などたくさんありますが、逆に、満腹時に働く血糖値を下げるホルモンは、膵臓のランゲルハンス島の細胞から分泌される「インスリン」だけしかありません。

したがって、高カロリーである「脂肪」を摂取することは、人を含め、すべての動物にとって、「飢え」をしのぐために重要なことだったのです。

それ故に、「脂肪」を多く含むラーメンなどの食物を食べると、「おいしい」と感じるのですね。

また、マヨラーと呼ばれるマヨネーズが大好きな人たちがいますが、これはマヨネーズに多量含まれている「油」に依存している可能性が高いです。

現代は飽食の時代となり、食べるのに困ることはほとんどなくなりました。
そうすると、それが「過剰な脂肪」となり、ついには糖尿病や痛風、高血圧

などの「生活習慣病」を引き起こす原因にもなってしまいます。
　かつては環境に適応していて有利だった資質が、この現代社会においては逆に不利に働いています。

　つまり、「肥満」という現象は、人類が何万年、何十万年をかけて進化させ適応させ最適化させてきた身体が、ここ数百年の人類社会の劇的な変化に付いていけていないことの現われなのです。

3章参考文献

日本化学会編	「身近な現象の化学 PART-2 台所の化学」倍風館
都甲潔/飯山悟	「トコトン追究 食品・料理・味覚の科学」講談社
竹内薫	「怖くて眠れなくなる科学」PHP研究所
大宮信光	「面白いほどよくわかる化学」日本文芸社

公益財団法人 日本食肉消費総合センター(http://www.jmi.or.jp/)
島村光治のホームページ(http://www.taste-m.com/index.html)

第4章
「代謝」「ダイエット」の科学

- ■「カロリー」とは何か
- ■「人間」に必要な「エネルギー」
- ■炭水化物
- ■「デンプン」の「おいしい」食べ方
- ■タンパク質
- ■脂質
- ■「人間の仕事率」は豆電球と一緒?
- ■アデノシン三リン酸(ATP)
- ■解糖系
- ■尿酸天才物質説
- ■クエン酸回路(TCA回路)
- ■電子伝達系(酸化的リン酸化経路)
- ■「人間のエネルギー効率」は「火力発電」と同じ?
- ■人間は飢餓状態ではどのぐらい生きられるか
- ■餓死者が続出したガダルカナル島の戦い
- ■生化学的に考えた「効果的なダイエット」
- ■「ダイエット」に王道なし

「代謝」と「ダイエット」の科学

効果的に「ダイエット」するには、身体の「代謝方法」を知る必要があります。

身体の中で「エネルギー」を作り出す仕組みを知れば、「なぜ太るのか」「どうやったら痩せるのか」が、たちまちに分かります。

この章では、「代謝」と「ダイエット」を科学していきます。

■「カロリー」とは何か

皆さんは、「カロリー」とは何かご存知でしょうか。

ダイエットをしている人にとって、悩みの種である「カロリー」ですが、実は「カロリー」は「エネルギー」の単位なのです。

学校で勉強する理科では、「エネルギー」の単位として、一般的には「カロリー」〔cal〕は使わず、「ジュール」〔J〕という単位を使います。

「1 J」はどのくらいの大きさの「エネルギー」なのかというと、「1 Nの力で物体を1 m動かすときの仕事」が「1 J」です。

また、「1 Wの仕事率で1秒間行なったときの仕事」も「1 J」です。私たちにとってはこの定義のほうが日常的かもしれませんね。

さて、「カロリー」の定義はというと、「1 gの水の温度を標準大気圧下で1℃上げるのに必要な熱量」が「1 cal」です。

それでは、この「熱量」がいったいどのくらいなのか、簡単に計算してみましょう。

このとき必要な「熱量」を「Q J」、「水の比熱」を「4.2 J/g・℃」とすると、「1 gの水」を「1℃」上げるのに必要な熱量は、

$$Q〔\mathbf{J}〕=4.2〔\mathbf{J/g}・℃〕×1〔\mathbf{g}〕×1〔℃〕$$

これより、だいたい「1 cal=4.2 J」だということが分かります。

かつては「エネルギー」の単位として広く用いられてきた「カロリー」ですが、現在では栄養学などの狭い領域でしか使われていません。

自然科学における「エネルギー」の単位は、現在では「ジュール」が主流になっています。

■人間に必要な「エネルギー」

人間などの生物にとって、「三大栄養素」と呼ばれているものがあります。
それは、「**炭水化物**」「**タンパク質**」「**脂質**」の3つです。
これに「無機質」と「ビタミン」を加えたものは、「五大栄養素」と呼ばれることがあります。
これらの栄養素がバランスよく摂取されることが、健康な身体を築く基本になります。

■炭水化物

私たちが、普段最も多く摂取している栄養素は何でしょうか。
それは「炭水化物」(糖質)です。

私たちは「炭水化物」から総カロリーの半分以上を得ています。
食肉となる牛や豚の肥料にも、「炭水化物」が使われているので、私たちが身体を動かす「エネルギー」は、元をたどれば大半が「炭水化物」から来ているといっても過言ではありません。

「炭水化物」の一般式は「$C_n H_{2n} O_n$」あるいは「$C_m (H_2 O)_n$」と表わすことができます。
「炭水化物」の多くは、植物が二酸化炭素と水から、太陽光線のエネルギーを利用して作り出し、蓄えているものです。

ときに、「炭水化物」と「糖質」を同意語のように使うことがありますが、厳密には異なります。
「炭水化物」は「糖質」の「必要条件」ですが、「十分条件」ではないからです。

「糖質」とは、炭水化物のうち、人間の消化酵素で消化でき、その後吸収され、エネルギー源として利用される物質のことです。

したがって、「食物繊維」などの難消化性糖類は、「炭水化物」には含まれますが、「糖質」には含まれません。

人間は約1,500 kcalのエネルギーを「炭水化物」として蓄えています。

「グルコース」(ブドウ糖)や「スクロース」(砂糖)はもちろんですが、お米やパン、麺などの穀物に含まれる「デンプン」も、「糖質」の仲間です。

「デンプン」は「グルコース」分子が長くつながり、螺旋構造になったものです。

特に「デンプン」を分解して生成する「グルコース」は、代表的なエネルギー供給物質であり、脳は「グルコース」から得られるエネルギーを中心に活動しています。

「炭水化物」は身体に最も必要とされる栄養素なので、多くの国や文化で、「炭水化物」を多く含む食品が主食となっています。

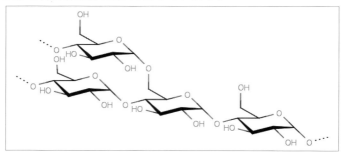

図32　「デンプン」は「α-グルコース」が縮合重合した高分子化合物

■「デンプン」のおいしい食べ方

「デンプン」は、そのまま生の状態では食べてもおいしくありません。「消化酵素アミラーゼ」の作用も受けにくいです。

したがって、通常は水を加えて加熱し、吸水させて、軟らかくしてから食べます。

加熱することで、デンプン分子間の「水素結合」が離れてバラバラになり、デンプン分子の間に水分子が入り込んで膨潤します。

炊いた米やふかした芋は、ちょうどこの状態です。

こうなると、デンプン分子の結晶構造は破壊されるので、消化酵素の働きを受けやすくなり、同時に味も良くなるのです。

このことを、デンプンの「糊化(こか)」あるいは「α化」と言い、このようなデンプンを「αデンプン」と言います。

これに対して、加熱前のデンプンを「βデンプン」と言い、いったんα化させたデンプンも、そのまま放置すると、徐々に生の「βデンプン」に近い状態に戻ってしまいます。

このことを、デンプンの「老化」と言います。

これは、デンプン分子が「水素結合」によって会合し、部分的に密な集合状態が出来るため、と考えられています。

しばらく放置した冷や飯やパンを食べたとき、"ザラザラ"と舌触りが悪いのは、そのためです。

また、80℃以上または0℃以下の温度で「αデンプン」を急速に脱水すると、「αデンプン」の状態が保たれます。

これは、水または熱湯で容易に膨潤するので、インスタント・ラーメンなどのインスタント食品やベビー・フードなどに、広く応用されています。

■タンパク質

「タンパク質」は、皮膚や筋肉などを構成している物質です。

その正体は、分子量が数千から数万以上にまでなる、巨大な分子です。

「タンパク質」は、「アミノ酸」がいくつも脱水縮合して連なった構造になっています。

食事で摂取した肉や魚などの「タンパク質」は、消化管で「アミノ酸」に分解され、身体に吸収されます。

吸収された「アミノ酸」はそのまま使われたり、新たに「タンパク質」を作る材料になったりします。

「アミノ酸」は、その名の通り、1分子中に、「アミノ基」($-NH_2$)と、酸性の「カルボキシ基」($-COOH$)を、少なくとも1つ以上含む化合物です。

タンパク質を構成する「アミノ酸」は、同じ炭素原子に、「アミノ基」と「カルボキシ基」が結合しています。
　このようなアミノ酸を、特に「α－アミノ酸」と呼び、その炭素原子の残りの結合部位の一方には「水素」が、もう一方にはさまざまな「側鎖」（通常「R」で表わす）が結合しています。
　タンパク質を構成する「アミノ酸」は、20通りの異なる「側鎖」をもちます。

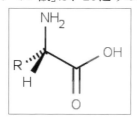

図33　「タンパク質」を構成する「α－アミノ酸」の構造式

　アミノ酸を分類すると、「必須アミノ酸」と「非必須アミノ酸」に分けることができます。
　「必須アミノ酸」は、人間の体内では「合成できない」、または「合成できても充分量を合成できない」アミノ酸のことで、成人では9種類あります。

　20種類の「アミノ酸」は、それぞれ異なった性質をもっており、中には「甘味」や「苦味」「うま味」などの特有の味をもつものがあり、食品の味を決める重要な要素になっています。

■脂質

　「脂質」は、簡単にいえば油のことです。
　その基本構造は、「高級脂肪酸」と「グリセリン」の「エステル」です。「エステル」とは、酸とアルコールが脱水縮合してできる化合物のことです。
　油は、常温で固体である「脂肪」と、常温で液体である「脂肪油」に分けられます。

　「脂質」は動植物の生体成分となっています。
　人間は体全体で約70,000 kcalものエネルギーを、「脂質」として蓄えています。
　フルマラソンでも、消費するエネルギーはたったの2,400 kcal程度なので、

これはフルマラソンを約29回も走れる、膨大なエネルギー量です。

「脂質」はエネルギー効率が「三大栄養素」の中で最も優れており、「脂質」を多く含む食材や料理は、必然的に高カロリーとなります。

「炭水化物」や「タンパク質」は1g当たりで約4kcalのエネルギーにしかなりませんが、「脂質」は1g当たりで約9kcalのエネルギーになります。

身体の中で脂質といえば、「皮下脂肪」や「内蔵脂肪」などのいわゆる「中性脂肪」のイメージがありますが、脂質の中でも「リン脂質」や「コレステロール」は、細胞膜などの構成成分として、あるいはホルモンとして、生体機能の調整で重要な役割を果たしています。

*

なお、「コレステロール」というと、一般社会では健康を蝕む(むしば)物質として認知されていますが、最低限の「コレステロール」は、生命維持に必須の役割を果たしています。「コレステロール」は、「胆汁酸合成」や「性ホルモン合成」「ビタミンD合成」「細胞膜構成材料」に利用されるなど、生体にとって極めて重要な物質です。

血液中には、常に約150〜200mg/dLの「コレステロール」が含まれています。

しかし、血液中のコレステロールの濃度が上昇し、その高い状態が続くと、コレステロールが動脈血に侵入し沈着して、動脈硬化の原因となります。このように動脈硬化を促進するものを、特に「LDLコレステロール」(悪玉コレステロール)と言います。

一方で、余分なLDLコレステロールを肝臓まで運ぶ役割をしているものを、「HDLコレステロール」(善玉コレステロール)と言います。

「HDLコレステロール」は、動脈硬化を予防する効果があります。

「コレステロール」の多い食品は、ウナギやイカ、魚卵などです。

血中の「コレステロール濃度」が高い場合は特に注意が必要で、その改善には、腸における「コレステロール」吸収を抑制する「食物繊維」が効果的であると言われています。

■「人間の仕事率」は豆電球と一緒?

人間が生活していく上で、「1日に必要なカロリー」は、性別や年齢によって変わってきますが、およそ2,000 kcal程度だと言われています。

しかし、同じ年代でも、「1日に必要なカロリー」は、その人の身体活動レベルによって大きく変わってきます。

「1日に必要なカロリー」は、一般的に、次のようにして求めることができます。

> (1日に必要なカロリー〔kcal/日〕) = (1日の基礎代謝量) × (身体活動レベル)

ここで、「基礎代謝」というのは、何もせずにじっとしていても、生命活動を維持するために消費されるエネルギーのことです。

「何もせず」というのは、快適な環境で、横になって安静に過ごすということです。

したがって、一般的な健康で文化的な生活していれば、普通は「基礎代謝」よりも多くのエネルギーを1日で消費します。

「基礎代謝」は、成人男性で約1,500 kcal/日、成人女性で約1,200 kcal/日となっています。

一般的に、体重が多い人ほど、「基礎代謝」は大きくなります。

次の**表34**から、「自分の年代の基礎代謝基準値」〔kcal/(kg・日)〕に「自分の体重」〔kg〕を掛けたものが、「自分の基礎代謝量」となります。

> 基礎代謝量〔kcal/日〕=基礎代謝基準値〔kcal/(kg・日)〕×体重〔kg〕

表34 基礎代謝（厚生労働省HP「日本人の食事摂取基準」より引用）

年齢	男性			女性		
	基礎代謝基準値	基準体重	平均基礎代謝量	基礎代謝基準値	基準体重	平均基礎代謝量
10〜11歳	37.4	35.5	1,330	34.8	35.7	1,240
12〜14歳	31.0	50.0	1,550	29.6	45.6	1,350
15〜17歳	27.0	58.3	1,570	25.3	50.0	1,270
18〜29歳	24.0	63.5	1,520	23.6	50.0	1,180
30〜49歳	22.3	68.0	1,520	21.7	52.7	1,140
50〜69歳	21.5	64.0	1,380	20.7	53.2	1,100
70歳以上	21.5	57.2	1,230	20.7	49.7	1,030

*

「身体活動レベル」は、その人の活動レベルによって、大きく3段階に分類できます。

表35からも分かるように、一日中机に向かって座っているだけでも、「基礎代謝」の1.5倍ものエネルギーを消費するのです。

立ち仕事や日常的に運動をする人は「身体活動レベル2」で、どちらにも該当しない人は「身体活動レベル1.75」となります。

ただし、これはあくまでも目安であるということを念頭に置いてください。

表35 身体活動レベル（厚生労働省HP「日本人の食事摂取基準」より引用）

身体活動レベル	低い	普通	高い
	1.5	1.75	2.0
日常生活内容	生活の大部分が座位で、静的な活動が中心。	座位中心の仕事だが、職場内での移動や立位での作業・接客業等、あるいは通勤・買い物・家事・軽いスポーツ等をする。	移動や立位の多い仕事への従事者。あるいは、スポーツ等余暇における活発な運動習慣をもっている。

これから、「1日に必要なカロリー」は、「基礎代謝」と「身体活動レベル」の積で求めることができるのです。

*

ここでは、例として、25歳の男性（体重63.5 kgで身体活動レベルは1.75とする）の「1日に必要なカロリー」を求めてみましょう。

この男性が「1日に必要なカロリー」は、

> 1日に必要なカロリー〔kcal/日〕=1,520〔kcal/日〕×1.75=2,660〔kcal/日〕

2,660 kcal/日がどのくらいの「カロリー」かというと、茶碗ご飯1杯(150 g)が約240 kcalなので、だいたい「ご飯11杯ぶん」のカロリーになります。
「ご飯11杯ぶん」と考えると、大層なカロリーですね。

また、この2,660 kcal/日の単位を、「kJ/日」に変換すると、

> 2,660〔kcal/日〕×4.2〔J/cal〕=11,172kJ/日

これより、「2,660 kcal/日=11,172 kJ/日」ということが分かります。
また、せっかくですから、この値から「人間の仕事率〔W〕」を計算してみましょう。
「1 W=1 J/秒」なので、「人間の仕事率」は次のようになります。

> 人間の仕事率〔W〕=11,172×10³〔J/日〕×1/(24×60×60)〔日/秒〕
> =約129〔W〕

これから、「人間の仕事率」は「約129 W」ということが分かります。

よく雑学などで、「人間の仕事率は100 W電球と同じである」と耳にします。
独立変数である「基礎代謝量」や「身体活動レベル」を変えてみても、「仕事率」はだいたい100 W前後の値になるので、あながち間違っているわけではありません。
「人間の仕事率」が「100 W電球」と同じと考えると、少し虚しくもなりますが、人間の仕事率は寝ているときも含めて1日の平均で算出しているので、実際に活動しているときは、もう少し高い仕事率になると思います。

*

ちなみに、「馬1頭が発揮する仕事率」は「1馬力」と呼ばれ、これは「約740 W」に相当します。
「人間の仕事率」を「馬力」にすると約0.2馬力であり、四輪自動車では100〜200馬力、F1マシンでは720〜740馬力、ジェット機では7万〜10万馬力、H2Aロケットでは1,100万馬力にもなります。

■アデノシン三リン酸(ATP)

　私たちが生命活動を維持できているのは、体内で「エネルギー」を作り出しているからです。

　生物が摂取した物質を分解して、「エネルギー」を作り出せるような栄養素にすることを、「消化」と言います。

　私たちは食べ物を「消化」することで、食物を「炭水化物」や「タンパク質」「脂質」などに分解しているのです。

　これらの栄養素は、「消化」の過程を経てさらに分解され、「糖質はグルコース」に、「タンパク質はアミノ酸」に、「脂質は脂肪酸やグリセリン」などに分解されていきます。

　この過程は人間だけでなく、ほとんどの動物に共通して見られることです。

＊

　それでは、私たちが「消化」することで得た、「グルコース」や「アミノ酸」「脂肪酸」が、どのように「エネルギー」を作り出していくのか、簡単に説明していきましょう。

　まず、私たちは「エネルギー」を得るために、体内で化学反応を起こしています。

　また、外部にエネルギーを取り出すためには、その化学反応は「発熱反応」でなくてはなりません。

　例として、気体状態の「A」と「B」が化学反応して、気体状態の「C」と「D」が生成するという化学反応を考えます。

$$A(気体) + B(気体) = C(気体) + D(気体) + Q \ [kJ]$$

　この「熱化学方程式」の反応熱を「Q[kJ]」とすると、「$Q>0$」なら外部に熱を放出する「発熱反応」です。

　そして、この反応熱は、「A (気体)」「B (気体)」「C (気体)」「D (気体)」それぞれの分子の「結合エネルギー」の総和から求めることができます。

　「結合エネルギー」とは、「気体状態の2原子間の共有結合1 molを切って、バラバラの状態にするのに必要なエネルギー」のことです。

第4章 「代謝」と「ダイエット」の科学

　したがって、その分子の「結合エネルギー」の総和が大きいほど、分子全体の結合が強固で、安定であるということになります。
　一般的に化学反応は、「不安定な状態」から「安定な状態」に変化したときに発熱をします。
　よって、

> ＣとＤの結合エネルギーの総和 ＞ ＡとＢの結合エネルギーの総和

ならば、この反応は「発熱反応」であるということになります。
　また、「反応熱Q」は両辺の結合エネルギーの総和の差より求めることができます。
　ただし、これは「反応物」と「生成物」が気体のときにしか定義できないので、体内の化学反応には単純に適用することはできません。しかし、考え方としては、この考え方が非常に大切なのです。

　私たちが「エネルギー」を得たいとき、「エネルギー」を取り出すたびに、体内でいろいろな化学反応を起こしているのでは、非常に大変です。
　そこで、生物の体は、「エネルギー」を取り出しやすいような化合物をあらかじめ合成しておき、「エネルギー」を得たいときにその化合物を化学反応させることで、「エネルギー」を取り出すようにしています。

　私たちの身体で、そのような「エネルギー通貨」の役割を果たしている化合物は、「**アデノシン三リン酸**」(**ATP**)という物質です。

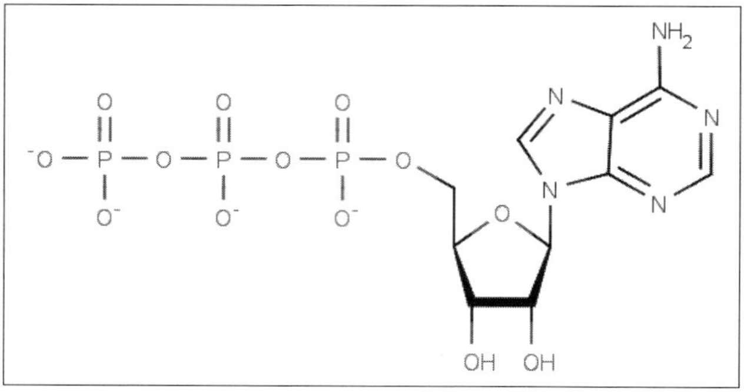

図36　「ATP」は生体における「エネルギー通貨」

「ATP」の「リン酸無水結合」(図36の「P」と「O」の結合部分)は、エネルギー的に不安定であり、「結合エネルギー」が小さいのです。

この理由は、「リン酸無水結合」の負電荷の反発が大きいことによります。

私たちの体は、この「ATP」を分解して安定な物質にすることにより、エネルギーを外部に取り出しています。

*

具体的には、次のように「ATP」が「アデノシン二リン酸」(ADP)と「リン酸」(Pi)に分解される際に生じるエネルギーを利用しています。

$$ATP \rightleftarrows ADP + Pi$$

つまり、私たちが摂取した食物の栄養の行方は、まずは「ATP」を合成することなのです。

体内で「ATP」を合成する経路はたくさんありますが、その中でも主要な「**解糖系**」「**クエン酸回路**」「**電子伝達系**」について簡単に説明したいと思います。

■解糖系

「解糖系」とは、その名の通り、「グルコース」を代謝して「ATP」を得る経路のことです。

反応は、細胞質基質で行なわれます。

「解糖系」は、酸素がなくても反応が進み、「グルコース」から「ピルビン酸」を経て、最終的には「乳酸」に代謝されます。

ただし、このときに酸素があるならば、「グルコース」は「乳酸」まで代謝されずに、「ピルビン酸」で停止し、ミトコンドリア内で「アセチル CoA」(アセチル補酸素A)となります。

*

「解糖系」で蓄積する「乳酸」は、疲労物質として知られていますが、体内の「乳酸」は、間接的に暴飲とも関係があることが分かっています。

「エタノール」を大量に摂取して、肝臓の代謝機能が飽和してしまうと、「乳酸」を効率良く除去できなくなってしまいます。

そうすると、「乳酸」が血液内に蓄積され、筋肉のpHを下げるので、理由

はまったく異なるのですが、運動選手と同様の「疲労感」をもつようになります。

*

また、乳酸は「プリン体」の沈積にも影響します。

「プリン体」とは、「プリン骨格」をもつ生体物質のことです。

「プリン体」は尿の中へ分泌されるのですが、この分泌が「乳酸」によって阻害されると、関節のところへ沈積してしまい、「痛風」の原因となってしまいます。

最初は小さな関節、特に親指の中骨頭部で沈積が始まりますが、「アルコール」や「プリン体」の多い食事を取ると、沈積が促進されていきます。

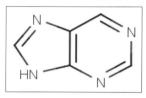

図37 「プリン骨格」をもつ物質には、「うま味」をもつものがある

■「尿酸」天才物質説

「痛風」は古くから「帝王病」と呼ばれてきたように、美食家にしばしば見られる病気です。

エビやカニ、魚卵、レバーなどに多く含まれる「プリン体」が、体内で酸化代謝を受け、「尿酸」に変化します。

「尿酸」は水に溶けにくい物質であるため、これが関節に「鋭く尖った結晶」として蓄積してしまうのです。

この状態で関節を動かすと、「尿酸」がギザギザと擦れ、猛烈な痛みを生じさせます。

痛風の痛みは骨折以上とも言われ、一説によると、「風が吹いただけでも痛む」ことから、その名が名付けられたと言います。

*

人口の上位2％の知能指数(IQ)をもつ人しか入会できないという「メンサ」。

その会員に対して、さまざまな特徴を一般の人と比較した調査結果から、知能指数の特別高い人では、「痛風」になる人の割合が、通常の2〜3倍も多いことが分かっています。

歴史にその名を刻んでいる痛風患者は、文学者では「ダンテ」や「ゲーテ」、学者では「ニュートン」や「ダーウィン」、政治家では「ナポレオン」や「チャーチル」、宗教家では「ルター」、芸術家では「ミケランジェロ」や「ダヴィンチ」といった世界史の巨星たちが、揃いも揃って痛風に苦しんでいます。

　このことから、どうも「尿酸の量」が「知能の高さ」と相関しているのではないかということが言われ始めました。
　ほとんどの哺乳類は「尿酸オキシダーゼ」をもっており、体内で発生した「尿酸」を処理できるのですが、人間はこの酵素をもっていないのです。

　人間は、進化の過程で「尿酸」を溜め込むようになり、その結果、動物にない高い知能を獲得した——と考えれば、この理由を上手く説明できます。
　かくして「尿酸」天才物質説は、科学者の間でさまざまに議論されましたが、1970年代になって突然「似非科学」の扱いを受け、研究費が下りなくなってしまいました。

　これは、当時盛んであったウーマンリブ運動と関連があると言われています。
　「尿酸値」を測ってみると、男性のほうが女性より平均値が高いのです。
　「男性のほうが女性より知能が高い」という結果が出てしまうかもしれない研究には、予算が付けられないということです。
　かくして、「尿酸」天才物質説の研究は、終焉を迎えることになりました。

　男女の知能指数は、平均で見ればほぼ同等であることが分かっていますし、別に「尿酸値」だけで知能のすべてが決まってしまうというわけではないのだろうに、当時の研究者にとっては、災難としか言いようがありません。

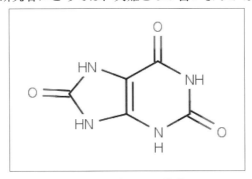

図38　「尿酸」は痛風の原因物質である

■クエン酸回路(TCA回路)

「クエン酸回路」は、「アセチルCoA」を代謝して「ATP」を得る経路のことです。

反応は、細胞内のミトコンドリアで行なわれます。

反応は、酸素を必要とし、「アセチルCoA」が「クエン酸」になる反応から開始されます。

「クエン酸回路」では、「クエン酸」がさまざまな処理を受けて、「ATP」を生産していきます。

「クエン酸回路」の源である「アセチルCoA」は、「グルコース」や「アミノ酸」「脂肪酸」より補給されます。

「アセチルCoA」の原料が「グルコース」の場合は、酸素のある状態の解糖系で生じた「ピルビン酸」を「アセチルCoA」に変換することで、代謝を解糖系と連鎖的に行なうことができます。

「アミノ酸」の場合は、「ロイシン」のようなアミノ酸が、「アセチルCoA」に直接変換されます。

「脂肪酸」の場合は、脂肪酸が「**β酸化**」されて、大量の「アセチルCoA」を生じます。

■電子伝達系(酸化的リン酸化経路)

「電子伝達系」は、「解糖系」や「クエン酸回路」で「ATP」を得るときに同時に生成する、「還元型ニコチンアミドアデニンジヌクレオチド」(NADH)や「還元型フラビンアデニンジヌクレオチド」($FADH_2$)を利用して、「ATP」を得る経路のことです。

反応は細胞内のミトコンドリアで行なわれます。

1分子の「NADH」からは3分子の「ATP」、1分子の「$FADH_2$」からは2分子の「ATP」を得ることができます。

■「人間のエネルギー効率」は火力発電と同じ?

　私たちの身体では、主にこれら「解糖系」「クエン酸回路」「電子伝達系」の3つの経路から「ATP」を作り出しています。

　もし1分子の「グルコース」が、酸素のある状態でこれら3つの経路で代謝されると、最大で「38分子のATP」を得ることができます。

　また、「グルコース」は代謝の過程を経て、二酸化炭素と水に分解されますが、この反応を「熱化学方程式」で表わすと、次のようになります。

$$C_6H_{12}O_6 + 6O_2 = 6CO_2 + 6H_2O(液体) + 2,820 \, kJ$$

　この「熱化学方程式」の反応熱は、ちょうど「1 molのグルコースの燃焼熱」を表わしています。

　「ヘスの法則」より、化学変化に伴う熱の収支は、どのような反応経路を取っても同じになるので、この「反応熱」が、私たちの身体のエネルギーのもとになるのです。

　私たちの身体では、この燃焼の過程で「ATP」を生産していきます。
　1 molの「ATP」からは、30.5 kJのエネルギーを取り出すことができるので、私たちの「身体のエネルギー効率」を求めてみると、次のようになります。

$$\frac{30.5 \, kJ \times 38}{2,820 \, kJ} \times 100 = 約41\%$$

　この41%という「エネルギー効率」は、化石燃料の燃焼熱を大いに利用する「火力発電」とほぼ等しい数値です。

　また、代謝の過程では、何段階もの反応を重ねるということを考慮すると、私たちの身体は、非常に無駄のない「熱機関」であると言えるでしょう。

■人間は飢餓状態ではどのぐらい生きられるか

　一般的なダイエットの目的といえば、ずばり「脂肪（中性脂肪）を減らすこと」だということができます。

　「脂肪」は他の栄養素と比較してもエネルギー効率が良いため、「生物のエネルギーの貯蔵庫」としての役割を果たしています。
　そのため、過剰に摂取したエネルギーは、「脂肪」として蓄えられるのです。

　「脂肪」を蓄えないようにするためには、単純に「脂質」を抑えた食事をすればいいではないかと思うかもしれません。
　しかし、「脂質」を抑えていても「脂肪」は増えます。
　その理由は、摂取したエネルギーが過剰なとき、「アセチル CoA」が「β酸化」のほぼ逆のルートで、「脂肪酸」になるからです。

　「クエン酸回路」で活躍する「アセチル CoA」ですが、「アセチル CoA」は、「グルコース」からも「アミノ酸」からも変換されます。
　したがって、どんな食生活をしていようと、食べ過ぎたぶんは、「アセチル CoA」を経て「脂肪」となるのです。

＊

　現代人にとっては目の敵にされている「脂肪」ですが、野生動物にとっては、「脂肪」はとても重要な役割を果たしています。
　たとえば、クマやリスなどは、餌の少ない冬期間に「皮下脂肪」をたっぷりと蓄えてから、冬眠します。
　冬眠中は体温を低下させてエネルギー消費量を減らし、一切の摂食行動をせずに、「脂肪」だけを分解してエネルギーを得ているのです。
　そして、冬眠から目覚めたときには、「脂肪」はほとんどギリギリまで使い切られた状態になっています。

　このような現象は人間にも起こり、人間の身体は、食物の摂食が絶たれ、飢餓状態に陥ると、「脂肪」を分解して、なんとか延命を図ろうとします。
　野生動物は、冬眠中では「基礎代謝量」を減らして、消費カロリーを抑えようとしますが、人間が飢餓状態に陥っても、同じような働きが起きます。
　「基礎代謝量」は、表34でも説明したように「基礎代謝基準値」に「体重」を掛けた値なので、体重が多いほど「基礎代謝量」は大きくなります。

人間は飢餓状態ではどのぐらい生きられるか

　人間は「飢餓状態」に陥ると、まずは体重を減らして、「基礎代謝量」を減らそうとします。
　最初に優先的に分解されるのは筋肉です。
　肝臓や筋肉に蓄えられている「糖類」（グリコーゲン）は、絶食後わずか1日で「グルコース」に分解され、全身で使い果たされます。

　脳は「グルコース」以外の栄養素を通常は利用できないので、身体はまず使わない筋肉を分解して、「アミノ酸」を作り出し、その「アミノ酸」を**糖新生**によって、「グルコース」に変換していきます。
　このようにして、筋肉量が減少し、体重が少なくなって、内蔵の活動も低下した状態では、「基礎代謝」は通常の3/4ほどにまで減少すると考えられています。

　筋肉が分解できなくなってからは、「脂肪」の出番です。
　「脂肪酸」を分解する「β酸化」が活性化し、「脂肪酸」が大量の「アセチルCoA」に分解されていきます。

　「アセチルCoA」は、このままでは分子量が大きすぎて血中へ移動できないので、さまざまな「ケトン体」（「アセト酢酸」や「3-ヒドロキシ酪酸」など）に変換され、全身の細胞に運ばれていきます。
　「ケトン体」は各細胞に到達すると、再び「アセチルCoA」に変換され、「クエン酸回路」によりエネルギーを生産していきます。特に脳では、糖不足のときは、この「ケトン体」がグルコースに代わるエネルギー源として消費されることが分かっています。

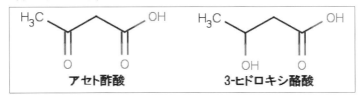

図39　飢餓状態では「脂肪酸」の「β酸化」によって「ケトン体」が生成する

　このような代謝をすることで、人間は理論上、水分の補給さえあれば、絶食状態でも2～3ヶ月程度の生存が可能になり、この限界を越えれば、餓死に至ることになります。

たとえば、先の25歳男性（体重63.5 kg）の飢餓状態の1日に必要なカロリーは、飢餓状態の「身体活動レベル」を1とすると、次のようになります。

> 1日に必要なカロリー〔kcal／日〕=1,520×3/4〔kcal／日〕×1=1,140〔kcal／日〕

通常時の消費カロリーは2,660 kcal／日なので、飢餓状態では、およそ半分程度の消費カロリーですむことになります。

この男性の体脂肪率を20%、脂肪のカロリーを9 kcal/gとすると、この男性が生存できる日数は、

> 63.5×10^3 [g]×0.20×9 [kcal/g]×1/1,140 [日/kcal] = 約100 [日]

このように、計算上は「絶食後、約3ヶ月間は生存可能である」ということになります。

ただし、これはエネルギーの計算上可能であるというだけであって、「身体活動レベル1」であるならば、健康で文化的な生活とは程遠い暮らしになることは間違いありません。

■餓死者が続出した「ガダルカナル島の戦い」

健康な人間が飢餓により絶命した例と言えば、1942年に勃発した「ガダルカナル島の戦い」があります。

日本軍とアメリカ軍が、島内およびその近海で激突し、ガダルカナル島は太平洋戦争有数の激戦地となりました。

半年間の激戦の末に、日本軍は惨敗しましたが、ガダルカナル島に上陸した総兵力約30,000名のうち、死者・行方不明者は約20,000名であったと言われています。

そして、このうち直接の戦闘での戦死者はわずか約5,000名であり、残りの約15,000名は、餓死と戦病死であったと推定されているのです。

「ガダルカナル島の戦い」では、日本軍は極限まで追いつめられており、戦

闘が始まって3ヶ月後には、ある将校が「そこら中でからっぽの飯盒を手にしたまま兵隊が死んで蛆がわいている」といった旨を、大本営に報告していたと言われています。

　その1ヶ月後になって、日本軍はようやく撤退に向けて動き始めましたが、この間にも、多くの将兵が餓死していきました。そして、ちょうどこの頃に、島内の将兵たちの間で、ある生命判断が流行り出したのです。

> 「立つことのできる人間は寿命30日。
> 身体を起こして座れる人間は3週間。
> 寝たきり起きられない人間は1週間。
> 寝たまま小便をするものは3日間。
> ものを言わなくなった者は2日間。
> まばたきしなくなった者は明日」

　このような生命判断が流行り出すほどに、狭い島内は、飢餓に苦しむ将兵たちで溢れていたのです。そして後年、ガダルカナル島は「餓島」と揶揄されるようになります。

　ガダルカナル島で健康な人間が約30日しか生きることができなかった理由としては、極限状態におけるストレスや不衛生な環境、ミネラルやビタミン不足などが考えられます。

　また、戦いの末期では、軍紀の荒廃は極まり、餓えた兵士の中からカニバリズム（人肉食）も発生したと言われています。

＊

　アンセル・キーズの「人の飢餓の生物学」によると、人は飢餓状態におかれると、多くの人は無気力になり、鬱に陥るといいます。

　さらに、あまりに空腹になると、それ以外のことはどうでもよくなり、身だしなみや衛生管理は疎かになり、食べ物に関することにしか興味を示さなくなるといいます。

　キーズが行なった実験の被験者であるレスター・グリックは、このときの体験を日記にこう書いています。

> 「空腹は、これまで想像したこともなかった新たな次元に達している。骨も、筋肉も、胃袋も、心も、すべてが1つになって、ひたすら『食べ物』と叫んでいるようだ」

飢餓状態では、食べ物に対する強い執着心が生まれます。

「腹が減っては戦ができぬ」とはよく言ったものですが、戦争で最も重要なのは、「食べ物」なのかもしれません。

生化学的に考えた「効果的なダイエット」

身体にとって最も重要な栄養素は、「炭水化物」(特にグルコース)です。

「グルコース」は脳のエネルギー源であり、脳は「基礎代謝」の約20%ものエネルギーを消費することが分かっています。

厚生労働省が定めた「食事摂取基準」では、人間が1日に摂取すべき「炭水化物」は、総エネルギー必要量の50%〜70%が理想的であるとされており、これはおよそ「ご飯茶碗5杯ぶん」(750 g)のカロリーに相当します。

また、「タンパク質」については、総エネルギー量必要量の10〜15%、「脂肪」については、総エネルギー量必要量の15〜30%が理想であるとされています。

図40　ご飯1杯(150 g)で約240 kcalである

これらのことを踏まえると、私たちの身体はいかに「炭水化物」に依存しているかが分かると思います。

*

現在、さまざまなダイエット方法がメディアに紹介されては、ブームになったりもしていますが、代表的なダイエット方法の1つに、「ローカーボダイエット」(炭水化物抜きダイエット)というものがあります。

ローカーボダイエットとは、名前の通り、食事で「炭水化物」をできるだけ摂取しないようにして、ダイエットをすることです。

生化学的に考えた「効果的なダイエット」

　「炭水化物」を抜くということは、すなわち脳のエネルギー源である「グルコース」を抜くということにもなりますが、身体の健康的には大丈夫なのでしょうか。
　生化学的に、このダイエットの仕組みを簡単に説明してみましょう。

　「脳」では、通常は主に「グルコース」を代謝してエネルギーを生産しています。
　「グルコース」は、デンプンを多く含んでいる「炭水化物」から得ることができます。
　「ローカーボダイエット」では、「炭水化物」を制限しているので、人間の脳は糖不足になり、何とかして糖を補おうとする働きが、身体の中で起こります。

　最初に起こる働きは「糖新生」です。
　人間の身体は、まずは糖新生によって「アミノ酸」を「グルコース」に変換して、脳の糖不足を補います。
　しかし、「糖新生」だけでは脳の糖不足を充分に補うことはできないので、人間の身体は緊急非常措置として、「脂肪酸」をβ酸化して「アセチルCoA」を作り出し、さらに「アセチルCoA」を変換して、「ケトン体」を大量に生産します。
　脳が糖不足のときは、この「ケトン体」が「グルコース」に代わるエネルギー源として脳で消費されることが分かっています。
　このとき、脳では「グルコース」の消費量がかなり減少しているので、脳の活動が鈍くなり、身体の機能もそれに伴って不活性化して、「基礎代謝」は大幅に減少すると考えられます。

　つまり、「ローカーボダイエット」では、「基礎代謝」が減少しているので、1日に必要なカロリー量が減り、少量の食事でも満足する上、「炭水化物」を控えているので、代わりに「脂肪」がどんどんと燃焼されていくのです。

　「ローカーボダイエット」の長所は、空腹感を感じにくい上に、何の運動をしなくても、脂肪がどんどんと燃焼されていくことです。
　しかし、短所をあげるとするならば、これは一種の「飢餓状態」とも考えることができ、脳の活動が低下する上に、身体の抵抗力も減り、血中でケトン体の濃度が高くなることで、脱水や中枢障害のような症状が引き起こされることもあるということです。

　これは、「ケトン体」である「アセト酢酸」や「3-ヒドロキシ酪酸」の液性が「酸性」であり、これらの血中濃度が大きくなると、血液のpHが酸性に傾いて

しまうためだと考えられています。

さらに、「ローカーボダイエット」はリバウンドしやすいという報告もされています。

身体は飢餓状態などでストレスを感じると、「コルチゾール」と呼ばれるホルモンを分泌します。

「コルチゾール」は、血圧や血糖レベルを高め、免疫機能の低下や不妊をもたらします。

「コルチゾール」は、脂肪を蓄積させやすく、その上に食欲抑制ホルモンである「レプチン」を減少させるため、食欲を増進させてしまうのです。

「コルチゾール」の分泌は、「ローカーボダイエット」を止めてもしばらく続くので、リバウンドしやすいのだと思われます。

表4.1　「ローカーボダイエット」の長所と短所

長　所	短　所
・短期間で効果が出る ・無理な運動は必要ない	・リバウンドしやすい ・身体のさまざまな機能が低下する

■「ダイエット」に王道なし

「ローカーボダイエット」は、生化学的には効果的なダイエット方法ではありますが、安全面に少し問題がありました。言うなれば、「ローカーボダイエット」はダイエット方法の「裏ワザ」なのです。

結局のところ、一般的なダイエットの目的は、「脂肪を燃焼させる」ということに尽きるので、「運動をしてダイエット」をするというのが、基本的な方法となります。

「運動が好きならそもそも肥満になっていない」という人も中にはいるかもしれませんが、簡単に痩せる方法などそうそうありません。

「ダイエット」に王道はないのです。

「ダイエット」のための運動のポイントは、言うまでもなく、その運動の「エネルギー」として、「脂肪」を効率良く燃焼させることです。

運動には、筋肉内に蓄えられた燃料を使って瞬発的な動きを行なう「無酸

素運動」と、酸素を介在にして体内の脂肪を燃料にし、持久的な運動を行なう「有酸素運動」があります。

「有酸素運動」はジョギングやランニング、水泳、そしてエアロビクス・ダンスなど、ある一定時間持久的に行なう運動のことです。

テニスなどでも、サーブなどは瞬間的に筋力を使う無酸素運動ですが、ある程度のラリーが続いたりすると呼吸数が上がり、心拍数が増えて、有酸素的な要素が大きくなります。

「脂肪」を効率良く燃焼させるには、「有酸素運動」が効果的であるということが、さまざまな研究から分かっています。

これは、「無酸素運動」では主にそのエネルギー源が「炭水化物」になるのに対して、「有酸素運動」では主にそのエネルギー源が「炭水化物」と「脂肪」になるからです。

ただし、注意しなければならないことは、「ダイエット」を急ぐあまり、運動が激しくなりすぎないことです。

運動強度が高ければ高いほど、「脂肪」がよく燃焼すると思っている人もいるかもしれません。しかし、それは残念ながら間違いです。

運動強度がある限界を超えると、「脂肪」よりも「炭水化物」が優先的に運動の燃料として使われるようになります。

そのため、運動は短時間しか続かず、「脂肪」の利用率はかえって下がってしまうのです。

あまりキツくない「有酸素運動」を、できるだけ長時間続けること――それこそが、基本的なダイエット方法になります。

＊

なお、「裏ワザ」ではありますが、「痩せる薬」というものも研究されていて、「オルリスタット」という薬があります。

食べ物の「脂肪」は、腸内で「リパーゼ」という加水分解酵素で分解されて、体内に吸収されます。しかし、この薬は「リパーゼ」の働きを阻害するのです。

つまり、「脂肪」は体内で消化吸収されないようになり、素通りしてしまうのです。

ただ、「オルリスタット」を服用すると、脂溶性のビタミンが不足するため、サプリメントなどで補充する必要があります。

また、「脂肪」が消化されずにそのまま出てくるので、「脂肪」が肛門から漏れ出したり、下痢気味になったりする人もいるようです。楽に痩せようというのは、虫のいい話なのかもしれません。

4章参考文献

厚生労働省	「日本人の食事摂取基準」(http://www.mhlw.go.jp/index.shtml)
塚原典子/麻見直美	「好きになる栄養学」講談社
別冊宝島編集部編	「新装版 スポーツ科学・入門」宝島社
平澤栄次	「はじめての生化学」化学同人
P.W.ATKINS	「分子と人間」東京化学同人
Reto U.Schneider	「狂気の科学」東京化学同人
佐藤健太郎	「炭素文明論」新潮社
佐藤健太郎	「化学物質はなぜ嫌われるのか」技術評論社
朝日新聞科学グループ編	「今さら聞けない科学の常識」講談社
五味川純平	「ガダルカナル」文春文庫

第5章
「スポーツ」の科学

- ■「筋肉」とは何か
- ■「筋肉」への「エネルギー供給」機構
- ■ATP-PCr系
- ■解糖系
- ■クエン酸回路(TCA回路)
- ■「疲労回復」には「軽い運動」が良い?
- ■「電子伝達系」(酸化的リン酸化経路)
- ■「赤身魚」と「白身魚」の違い
- ■「骨格筋繊維」の特性
- ■スポーツで活躍するには
- ■「スポーツ」における「トレーニング」の効果と方法
- ■「無酸素運動」によるトレーニング
- ■「速筋繊維」の「筋肥大」について
- ■「速筋繊維」と「遅筋繊維」の「神経発達」について
- ■「速筋繊維」の「瞬発力」について
- ■「遅筋繊維」の「持久力」について
- ■「無酸素運動」のトレーニング内容
- ■「有酸素運動」による「トレーニング」

「スポーツ」の科学

「筋肉」にもさまざまな種類があり、それぞれ特徴が異なります。
「スポーツ」で活躍するためには、その「スポーツ」の特性に合ったトレーニングをしなければなりません。科学的なトレーニングをすれば、競技力の向上につながることは間違いありません。
この章では、「スポーツ」を科学していきます。

■「筋肉」とは何か

「筋肉」と一言で言っても、「筋肉」には2種類あるのはご存知でしょうか。

「筋肉」は、収縮性をもつ「筋繊維」からなる組織です。
その筋繊維は、「横紋筋」と「平滑筋」に区別されます。

「横紋筋」は、筋繊維を構成するタンパク質が、規則正しく並んでいる筋肉です。そのため、「横紋筋」は、外見上、規則正しい横紋を見ることができます。
さらに、「横紋筋」は、存在する場所によって、「骨格筋」と「心筋」に区別することができます。

「平滑筋」は、「横紋筋」とは異なり、1つの筋繊維が単核細胞から出来ているため、横紋は確認できません。
「平滑筋」は、消化管、血管、性器などに見られ、食物を消化するときの蠕動運動や、瞳孔の拡大のような「不随意運動」(自分の意志とは無関係に起こる運動)を司ることで知られています。

表42 「横紋筋」と「平滑筋」の特徴

	横紋筋		平滑筋
	骨格筋	心筋	
神経支配	随意筋	不随意筋	不随意筋
自動性	なし	あり	あり
収縮力の調製	しやすい	しにくい	しにくい
再生能	あり	なし	あり

「横紋筋」の中でも、「骨格筋」は、骨格に対して関節をまたぐように結びつき、走ったり、ボールを投げたりするときに、骨格を動かす筋肉のことです。

「骨格筋」は、標本を顕微鏡で覗くと、明るく見える部分と暗く見える部分が交互に並んでいて、規則正しい横紋を形成しています。

明るく見える部分を占める太いほうの繊維を「ミオシンフィラメント」と言い、暗く見える部分を占める細いほうの繊維を「アクチンフィラメント」と言います。

「心筋」は、心臓を構成する筋肉であり、「骨格筋」と同じ「横紋筋」ですが、ミトコンドリアの数が非常に多く、「骨格筋」と違って「不随意筋」です。

私たちが一般的にトレーニングなどをして鍛えている筋肉は、「骨格筋」です。

この章では、主にこの「骨格筋」が関わる運動について詳しく説明します。

■「筋肉」へのエネルギー供給機構

実は、「身体を動かす」という作業は、私たちが想像している以上に、ずっと大変なことです。

たとえば、「ボールを投げる」という単純な行動だけでも、私たちの身体の中では、複雑な化学反応が起こっています。

「筋肉」は収縮と弛緩しかできませんから、言ってしまえば、筋肉は「ゴム」のようなものにすぎません。

私たちの身体は化学反応を起こし、「筋肉」の収縮を連動させることで、複雑な運動を可能にしているのです。

「骨格筋」のような「随意筋」の収縮を制御しているのは、基本的に脳です。

筋肉の収縮を始める情報は、「骨格筋」では脳から運動神経を伝わってきます。

運動神経から「筋繊維」の細胞に、ある一定以上の強さの電気信号が伝わると、細胞では刺激を受けて、「カルシウムイオン」が放出されます。

筋肉の収縮は、「筋繊維」の細胞に存在する「カルシウムイオン」の濃度変化によって制御されています。

カルシウムイオンは、「アクチンフィラメント」と「ミオシンフィラメント」

の活性を高め、「アクチンフィラメント」は「ミオシンフィラメント」の間に滑り込むように引き寄せられます。

その結果、両タンパク質は結合して、「アクトミオシンフィラメント」となり、筋繊維の収縮が起こります。

このようなフィラメントの滑り込みによる筋収縮のメカニズムは、「ハックスレーの滑走説」と呼ばれています。

筋肉の収縮は、「アクチンフィラメント」と「ミオシンフィラメント」の相互作用によって起こりますが、そのためにはエネルギー源が必要です。

その筋収縮のエネルギー源は、筋肉内にある「アデノシン三リン酸」(ATP)です。

すなわち、「ATP」が1個の「リン酸」(Pi)を遊離し、「アデノシン二リン酸」(ADP)に分解されるときのエネルギーが、筋収縮の直接的なエネルギー源として利用されます。

つまり、筋肉の収縮には、「エネルギーの発生源」、すなわち「ATP」の存在が必要不可欠なのです。

*

筋肉で「ATP」を生産する仕組みとしては、「無酸素系のエネルギー供給機構」と「有酸素系のエネルギー供給機構」の2種類があります。

「無酸素系のエネルギー供給機構」とは、酸素を必要としないエネルギー供給機構のことです。

よく「有酸素運動」だとか、「無酸素運動」だとか耳にすることがあると思いますが、その「無酸素」と同じ意味です。

「無酸素系のエネルギー供給機構」は、いわゆる「無酸素運動」のエネルギー供給機構なので、陸上競技の短距離走やボール投げなどの、「瞬発力」が求められる競技に影響します。

「無酸素系のエネルギー供給機構」には、主に「**ATP-PCr系**」と「**解糖系**」の2種類があります。

その一方で、**「有酸素系のエネルギー供給機構」**とは、酸素を必要とするエネルギー供給機構のことです。

「有酸素系のエネルギー供給機構」は、いわゆる「有酸素運動」のエネルギー供給機構のことです。ウォーキングやジョギング、エアロビクス・ダンスな

どの運動が、これにあたります。

　ちなみに、「エアロビクス」(aerobics)は「アネロビクス」(anaerobics)と対照する言葉。「エアロビクス」は「有酸素運動」を意味し、「アネロビクス」は「無酸素運動」を意味しています。

　「有酸素運動」では、呼吸をして酸素を細胞内に取り込む必要があります。
　また、「有酸素系のエネルギー供給機構」は、複雑な代謝方法のため、エネルギー供給速度は「無酸素系」に劣ります。
　しかし、その反面、「無酸素系」よりも長時間、「ATP」を生産できるという長所があります。

　「無酸素系のエネルギー供給機構」の最大パワーが約123 kcal/（kg・秒）であるのに対して、「有酸素系のエネルギー供給機構」の最大パワーは約3.6 kcal/（kg・秒）であると言われています。
　「有酸素系のエネルギー供給機構」には、主に「**クエン酸回路**」と「**電子伝達系**」の2種類があります。

■ATP-PCr系

　実は、筋肉の中には微量ですが、「ATP」がもともと存在しています。
　「ATP-PCr系」は、筋肉にもともと存在する「ATP」と「クレアチンリン酸」(PCr)を利用して、エネルギーを得ようとするものです。

　「ATP」は、分解されるとエネルギーを放出して、「アデノシン二リン酸」(ADP)となります。
　細胞はこのとき放出されるエネルギーを利用するのですが、「ATP」は筋肉中にわずかしか存在していないため、直ちに再合成されなければなりません。
　そこで、「PCr」は、「ADP」を「ATP」に再合成するのです。

　この系は、「ATP」をすぐに供給できるので、最も強度の高い運動を可能にするのですが、筋肉中の「ATP」と「PCr」の量には限りがあるので、最大限に動員されると、たった7〜8秒で「ATP」の供給は停止してしまいます。
　「ATP-PCr系」は、陸上競技の短距離走や重量挙げなどといった、「短い時間内に大きなパワーを発揮する運動」に適しています。

第5章 「スポーツ」の科学

このときの最大パワーは約123 kcal/(kg・秒)です。

*

ところで、今や人類は、100 mを10秒以下のタイムで走りますが、陸上競技100 m走の要点が、「後半にいかに失速せず最高速度を維持したままゴールできるか」ということであるのを知っていますか。

オリンピックに出場するような一流の短距離走選手でも、各地点での速度を分析すると、100 m走の後半では必ず失速しているのです。

ウサイン・ボルトやジャスティン・ガトリンのような一流選手は、後半でスピードが上がっているように見えます。

しかし、それは、他の選手が彼らよりも相対的に失速しているからであって、決して速度が上がっているわけではありません。

100 m走で減速するタイミングは、スタートしてから7〜8秒後で、これが「ATP-PCr系」の限界なのです。

■解糖系

「解糖系」は、筋肉中に蓄えられている「グリコーゲン」を「グルコース」に分解し、「グルコース」を代謝して「ATP」を得るものです。

「グリコーゲン」は、多数の「グルコース」が縮合重合した物質で、複雑な網目構造をとっています。

その「枝分かれ」の数は、「植物デンプン」に含まれるアミロペクチンよりもはるかに多いため、「動物デンプン」と呼ばれて、「植物デンプン」とは区別されています。

「解糖系」では、「グリコーゲン」が「グルコース」に分解されると、酸素がないような状態では「ピルビン酸」を経て「乳酸」となり、その過程で「ATP」を生産していきます。

しかし、「解糖系」は最大限に動員されると、細胞内の「乳酸濃度」が高まり、pHが酸性に傾いて運動能力を低下させてしまいます。

「乳酸」が筋量の0.3%相当量になると、筋肉は収縮不能に陥るので、「解糖系」は約30秒前後しか続きません。

このときの最大パワーは、約7 kcal/(kg・秒)と言われています。

「解糖系」のエネルギーの供給速度は「ATP-PCr系」には劣ります。
しかし、それでも短時間で「ATP」を生産できるので、「解糖系」は有酸素系のエネルギー供給機構と比べると、かなり高い強度の運動を可能にします。

陸上競技中距離走やサッカー、ボクシングなど、たいていのスポーツの主要なエネルギー供給機構は「解糖系」になります。
疲労物質である「乳酸」が特徴的で、運動をして疲労を感じるようなら、それは「解糖系」が働いている証拠です。
スポーツにおいて、「解糖系」は、エネルギー供給機構の中枢なのです。

■クエン酸回路(TCA回路)

「クエン酸回路」は、「アセチルCoA」を代謝して「ATP」を得るものです。
「アセチルCoA」は、「グルコース」や「アミノ酸」「脂肪酸」から補給されます。
酸素が充分に供給され、「アセチルCoA」がなくならないような状態であれば、エネルギーを長時間供給し続けることができます。

「クエン酸回路」では「脂肪酸」が「アセチルCoA」の原料となるので、一般的に「有酸素運動で脂肪を燃焼させる」という仕組みは、この「クエン酸回路」によるものです。

しかしながら、「脂肪酸」だけを選択的に代謝するというのは現実には不可能であり、通常は、「脂肪酸」と同時に「グルコース」や「アミノ酸」も代謝されていきます。
代謝される割合は運動強度によって一定でなく、強度の高い運動では「グルコース」が主に代謝され、運動強度が低くなるにつれ、「脂肪酸」の割合が大きくなっていくと考えられています。
「アミノ酸」は条件によらず、エネルギー供給にはわずかに関与するのみです。

運動強度が高く、酸素がないような状態では、「グルコース」は解糖系で「ピルビン酸」を経て「乳酸」まで代謝が進みます。
しかし、運動強度が低く、酸素が充分にあるような状態では、解糖系は代謝が「ピルビン酸」で停止して、その「ピルビン酸」が「アセチルCoA」に変換されます。

第5章 「スポーツ」の科学

「解糖系」は最大限に動員されると、「ATP」生産を約30秒で停止してしまいます。

しかし、運動強度を落としてやれば、「解糖系」は「ATP」を2時間以上も生産することが可能になります。

したがって、適度な運動強度では、「解糖系」と「クエン酸回路」の混じった運動となるのです。

そこからさらに運動強度を下げていくと、「解糖系」の割合が減って、「クエン酸回路」で「脂肪酸」が代謝される割合が大きくなっていくので、「脂肪」を効率良く燃焼するには、「軽い有酸素運動を長時間行なう」のが最適であるいうことが分かります。

■「疲労回復」には軽い運動が良い？

よくトレーニングのとき、激しい無酸素運動の後に軽い有酸素運動を行ないます。これは、「解糖系」と「クエン酸回路」の性質を上手に利用しているのです。

激しい無酸素運動の後では、筋肉中に疲労物質である「乳酸」が大量に存在しています。

しばらく時間が経つと、「乳酸」は肝臓で処理されていきますが、これでは時間がかかって大変です。

「クエン酸回路」では、「乳酸」を「解糖系」とは逆の経路で「ピルビン酸」に再変換して「アセチルCoA」とし、エネルギー源として消費できるのです。

激しい運動の後にさらに軽い運動なんかして、逆に疲労が溜まるのではないかと思うかもしれません。

しかし、この方法では、「乳酸」を「クエン酸回路」ですぐに消費することができるので、何もしないでいるよりも、むしろ疲労が緩和されるのです。

*

この方法を「**積極的休息**」と言い、軽い運動をすることによって、マッサージや入浴と同じように血行が促進され、「乳酸濃度」が低下することによります。

運動生理学者であるフォックスによると、何もしない安静状態、すなわち「消極的休息」による乳酸除去の半減期が25分であるのに対して、「積極的休

息」ではわずか12分に過ぎないといいます。
　この半減期を手掛かりにすれば、血液中から「乳酸」を完全に除去するには、安静のままでは2時間を要しますが、「**積極的休息**」では、1時間以内ですむことになります。

　スポーツでは、「ウォーミングアップ」の重要性はよく認知されていますが、「クールダウン」の重要性はあまり認知されていません。
　科学的にも「クールダウン」の有用性は確かめられていることなので、しっかり活用して欲しいものです。

＊

　また、別の研究によると、「積極的休息」は「精神的疲労」にも効果があることが分かっています。

　たとえば、繰り返し作業をするときに、休息期の間に、作業しなかった筋肉を活動させると、次の作業量は相対的に増えてきます。
　これは、休息期に「積極的休息」を取ったためであり、気分転換だとか気晴らしの効用です。
　気分転換を利用した作業では、疲労していない筋肉からの情報が脳幹網様体に送られ、ついでに大脳の興奮状態を高めることに役立っていると考えられます。

＊

　一般的に「疲労回復」には、休養睡眠や栄養を充分に取ることが大切であるといわれます。これは「消極的な疲労解消法」と言えます。
　これに対して、気分転換やレクリエーションなどを利用することは、「積極的な疲労解消法」と言えます。
　仕事などで、肉体的にも精神的にも疲れたときは、静かに身体を休めるよりは、軽く身体を動かすほうが、血行は促進され、疲労の回復は早くなります。

　仕事の後に、軽いジョギングやスタスタ歩く程度の身体運動を、10分でも20分でも実行するだけで、効果はてきめんです。
　スポーツや身体運動などでいい汗をかくことによって、「身体の健康」だけでなく、「心の健康」も得られるようになります。

■電子伝達系(酸化的リン酸化経路)

「電子伝達系」は、「解糖系」や「クエン酸回路」で「ATP」(アデノシン三リン酸)を得るときに同時に生成する、「還元型ニコチンアミドアデニンジヌクレオチド」や「還元型フラビンアデニンジヌクレオチド」を利用して、「ATP」を得るものです。

反応には酸素を消費し、有酸素運動では「クエン酸回路」と併用して「ATP」を生産していきます。

「電子伝達系」は、エネルギーを生産するための代謝の最終到達点であり、「グルコース」や「アミノ酸」「脂肪酸」などの代謝が、この反応に収束します。

表43 「エネルギー供給機構」の比較

	ATP-PCr系	解糖系	有酸素系
エネルギー供給速度	速い	普通	遅い
最大持続時間	約7～8秒	約30秒	無限
必要な主な物質	クレアチンリン酸	糖	糖、脂肪
副産物	なし	乳酸	なし

これまでに「無酸素系」と「有酸素系」のエネルギー供給機構について述べてきました。
これらの「エネルギー供給機構」は、相互に働き合いながら、私たちの筋肉の動きを支えています。

強度が高く、短時間で終わるような運動(たとえば陸上競技の短距離走)では、最もエネルギー供給速度の大きい「ATP-PCr系」からエネルギーの大部分が供給されます。

これよりも運動時間が長く、運動強度も低くなるに従い、徐々に「解糖系」の関与が大きくなっていき、さらには「クエン酸回路」や「電子伝達系」などの「有酸素系」に取って代わられていきます。

スポーツでは、体力の向上が求められますが、これは単純な「筋肉量の増加」だけではなく、「エネルギー供給機構の発達」でもあるのです。
スポーツでは前者ばかりが注目されがちですが、後者の与える影響もとて

も大きいと考えられます。
　エネルギー供給の仕組みを理解し活用できれば、各々の場で、さらに活躍できるでしょう。

■「赤身魚」と「白身魚」の違い

　魚を刺身で食べるとき、皆さんは「赤身の魚」と「白身の魚」の2種類が存在していることを知っているかと思います。
　「赤身の魚」はマグロやカツオなどのように広大な海域を泳ぎ回っている回遊魚に多く、「白身の魚」はヒラメやマダイなどのようにあまり動かずじっとしている非回遊魚に多く見られます。

　この色の違いは、魚の筋肉を構成する「筋繊維」の種類が、「赤身」と「白身」で異なっているからです。

　マグロやカツオなどの「赤身魚」では、筋肉中に「ミオグロビン」という色素タンパク質が多く含まれています。
　「ミオグロビン」は酸素との親和性が高く、筋肉中で酸素を貯蔵する役割をするタンパク質です。
　「ミオグロビン」は赤色のタンパク質なので、このタンパク質を多く含むマグロやカツオなどの筋肉は、赤く見えるのです。
　一方で、ヒラメやマダイなどの「白身魚」は、筋肉中に含まれる「ミオグロビン」が非常に少ないため、筋肉が白く見えます。
　これらの違いから、「赤身魚」に見られるような「ミオグロビン」を多く含む赤い筋繊維を「**遅筋繊維**」と言い、「白身魚」に見られるような「ミオグロビン」の少ない白い筋繊維を「**速筋繊維**」と言います。
　この「筋繊維」の違いは、魚の生活行動と密接な関係があるのです。

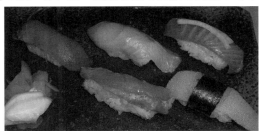

図44　魚には「赤身の魚」と「白身の魚」がいる

マグロやカツオなどの回遊魚は、集団生活をして、高速で泳ぎ続け、たとえ寝ていようと、泳ぐことを止めません。

マグロやカツオは、他の魚とは異なり、エラ呼吸ができないので、常に口を空けて泳ぎ、口から海水を取り込んで水中の酸素を取り入れる必要があるからです。

「寝ている間も泳ぎ続けている」など、信じ難いことですが、これが可能なのは、「遅筋繊維」に「ミオグロビン」が大量に存在し、有酸素系のエネルギー供給機構が非常に発達しているからです。

「有酸素系のエネルギー供給機構」は、長時間の運動が得意という長所があります。

さらに、「ミオグロビン」は酸素との親和性が高いので、酸素不足にもなりにくく、長時間効率良く「ATP」を生産することが可能になるのです。

それに対して、ヒラメやマダイなどの非回遊魚は、海底や岩陰でひっそりとしていることが多い魚です。

海底や岩陰で獲物を待ち伏せして、一気に捉えるのです。

このような魚は、長時間の回遊はできませんが、獲物を捉えるときなどの「瞬発力」に優れています。

この理由は、「速筋繊維」による無酸素系のエネルギー供給機構が非常に発達しているからです。

「無酸素系のエネルギー供給機構」は、強度の高い運動が得意という長所があります。

それ故に、「白身の魚」は、瞬間的に爆発的な力を出すことができるのです。

*

ちなみに、サケの身は赤いのですが、生物学的には「速筋繊維」が発達した「白身魚」に分類されます。

サケの身の赤色は、「遅筋繊維」の色の原因となる「ミオグロビン」によるものではなく、餌として摂取された甲殻類の外殻に含まれる「アスタキサンチン」という赤いカロテノイド色素によるものです。

イクラが赤いのも、この色素が原因です。

■「骨格筋繊維」の特性

このような魚に見られる「速筋繊維」と「遅筋繊維」の違いは、人間の筋肉にも当てはめることができます。

運動生理学に興味のある人ならば、「短距離走選手は速筋繊維が発達していて、マラソン選手は遅筋繊維が発達している」というようなことを、一度は耳にしたことがあると思います。

オリンピックの陸上競技100m走決勝で、出場選手が黒人選手ばかりなのを見て、「黒人は筋肉の質が違う」とはよく言いますが、これは陸上競技100m走に出場している黒人選手の「速筋繊維」が、非常に発達しているということを示唆しているのです。

さらに、「筋繊維」には「速筋繊維」や「遅筋繊維」の他に、その中間的な性質をもった「中間筋繊維」の存在も認められており、次の**表45**にそれぞれの「筋繊維」の特性を示します。

表45 「骨格筋繊維」の特性

分 類	遅筋繊維	中間筋繊維	速筋繊維
色	赤い	赤い	白い
筋繊維径	小さい	中間	大きい
瞬発性	低い	中間	高い
持久性	高い	中間	低い
無酸素系	弱い	中間	強い
有酸素系	強い	中間	弱い
グリコーゲン含有量	少ない	中間	多い

「速筋繊維」は、収縮速度が速く、発揮張力も大きいですが、疲労しやすいという特徴があります。

逆に、「遅筋繊維」は、収縮速度が遅く、発揮張力も小さいですが、疲労しにくいという特徴があります。

「中間筋繊維」は、両方の筋繊維の特徴を併せもった筋繊維です。

一般的に、身体や身体部位を敏速に動かすことを余儀なくされた筋肉では、

「速筋繊維」の割合が多いです。

逆に、長時間に渡って、弱い筋力を発揮し続けることを余儀なくされた筋肉では、「遅筋繊維」の割合が多いです。

身体の筋肉では、「速筋繊維」は、外側広筋や大腿直筋の表層部、上腕三頭筋、腓腹筋などで多いです。

一方、「遅筋繊維」は、ヒラメ筋や大殿筋、脊柱起立筋、横隔膜などで多いです。

*

このように、「速筋繊維」や「遅筋繊維」はそれぞれ違った特性をもっており、人によってこれらの「筋繊維」の割合が異なります。

たとえば、短距離走選手の筋繊維は「速筋繊維」の比率が高く、「ATP」供給速度が速いため、瞬発力に優れます。しかし、「乳酸」が蓄積しやすいため、持久力に劣ります。

逆に、マラソン選手の筋繊維は「遅筋繊維」の比率が高く、「ATP」供給速度が遅いため、瞬発力に劣ります。しかし、「乳酸」が蓄積しにくいため、持久力に優れているのです。

このような「筋繊維」の比率は遺伝よる影響が大きいと考えられ、「速筋繊維」を「遅筋繊維」に変えたり、「遅筋繊維」を「速筋繊維」に変えたりすることは、難しいとされています。

*

日本人は「速筋繊維」よりも「遅筋繊維」が発達している民族であると言われており、実際に高橋尚子を始めとして、オリンピックでマラソンの金メダリストは多いです。

また、オリンピックの花形競技でもある陸上競技100m走では、黒人選手の中でも、西アフリカを出自とする選手の強さが目立っており、ウサイン・ボルトやマイケル・ジョンソンは、西アフリカを出自とする選手です。

これらの選手は、「遅筋繊維」よりも「速筋繊維」が発達していると考えられています。

ただ、黒人だからといって、全員が「速筋繊維優位」なのかといえばそうでもありません。

現に陸上競技長距離走やマラソンの世界記録保持者は、東アフリカを出自とする選手に多く、これらの選手は、「速筋繊維」よりも「遅筋繊維」が発達し

「骨格筋繊維」の特性

ていると考えられます。

　要するにスポーツに肌の色は関係なく、いちばん大きな要因は、その人の「筋繊維の比率」であるということです。
　日本人でも、伊東浩司や桐生祥秀のように速筋繊維の比率が大きい選手は、西アフリカの陸上競技短距離走選手に引けを取りません。

　次の**表46**に各種競技の一流選手と一般的なアメリカ人および日本人の外側広筋における「筋繊維」の比率を示しました。
　この表からは、短距離や砲丸投げ、重量挙げなどの瞬発的な種目に属する競技選手ほど「速筋繊維」の割合が多く、マラソンや長距離、水泳などの持久的な種目に属する競技選手ほど「遅筋繊維」の割合が多いことが分かります。
　このように、それぞれの種目で活躍している一流選手は、それぞれの種目に必要とされる「筋繊維組成」の割合が高く、瞬発的な筋力やパワーをより必要とするスポーツ種目では「速筋繊維」が、持久的な体力をより必要とするスポーツ種目では「遅筋繊維」の構成比の高い選手が有利です。

表46　各種競技の一流選手の外側広筋における「筋繊維」の比率

	遅筋繊維の割合	速筋繊維の割合
陸上競技短距離走選手	35%	65%
砲丸投げ選手	40%	60%
陸上競技中距離走選手	45%	55%
重量挙げ選手	45%	55%
サッカー選手	45%	55%
やり投げ選手	50%	50%
一般的なアメリカ人	50%	50%
アイスホッケー選手	55%	45%
アルペンスキー選手	60%	40%
ノルディック総合選手	65%	35%
水泳選手	70%	30%
一般的な日本人	70%	30%
陸上競技長距離走選手	75%	25%
マラソン選手	80%	20%

※参考までに一般的なアメリカ人と日本人も加えている

＊

これまでに「無酸素系」と「有酸素系」のエネルギー供給機構について述べてきました。
　これらの「エネルギー供給機構」は、相互に働き合いながら、私たちの筋肉の動きを支えています。

　強度が高く、短時間で終わるような運動（たとえば陸上競技の短距離走）では、最もエネルギー供給速度の大きい「ATP-PCr系」からエネルギーの大部分が供給されます。

　これよりも運動時間が長く、運動強度も低くなるに従い、徐々に「解糖系」の関与が大きくなっていき、さらには「クエン酸回路」や「電子伝達系」などの「有酸素系」に取って代わられていきます。

　スポーツでは、体力の向上が求められますが、これは単純な「筋肉量の増加」だけではなく、「エネルギー供給機構の発達」でもあるのです。
　スポーツでは前者ばかりが注目されがちですが、後者の与える影響もとても大きいと考えられます。
　エネルギー供給の仕組みを理解し活用できれば、各々の場で、さらに活躍できることでしょう。

■「スポーツ」で活躍するには

　各個人の「筋繊維構成比」は生まれつき決まっているので、「筋繊維の比率」がそのスポーツの理想的なバランスに従っていない場合は、そのスポーツでの活躍は難しいと思います。

　つまり、多くの日本人にとって、短距離走で金メダルを目指すということはあまり現実的ではないのです。
　ただし、**表46**で示した日本人の「筋繊維の比率」は全体の平均値であり、もちろん人によっては、短距離走選手に近いような「筋繊維」バランスの人もいます。

＊

　参考までに、次に「筋繊維の比率」を求める計算式を示します。
　50m走のタイムを「X秒」、12分間走の距離を「Y m」とすると、「速筋繊維」と「遅筋繊維」の比率は、次のようにして求めることができます。

$$速筋繊維:遅筋繊維 = 69.8 \times \frac{36,000}{XY} - 59.8 : 159.8 - 69.8 \times \frac{36,000}{XY}$$

　少々複雑な計算式ですが、上式より「速筋繊維」と「遅筋繊維」の比率を百分率で算出することができます。

　計算に50m走と12分間走の記録が必要なので、記録のない人にとっては少々面倒ですが、ぜひとも記録を計測して、計算してみてください。
　表46の統計では、日本人の平均値が「速筋繊維：遅筋繊維＝30：70」なので、計算した多くの方は、この値に近い結果となるのではないでしょうか。

　しかし、「速筋繊維」の割合が低いからといって、短距離走やサッカーなどのスポーツを諦める必要は微塵もありません。
　現に日本人の中でも、短距離走やサッカーなどのスポーツで、世界的に活躍している選手はたくさんいます。
　確かに彼らの「速筋繊維」は、生まれつき多くの日本人よりも発達していたかもしれませんが、平均的な日本人でも、「筋繊維」を鍛えて瞬発力を発達させる方法があるのです。

　一般的に筋肉トレーニングをして「速筋繊維」や「遅筋繊維」を鍛える場合には、その原理は「筋繊維の肥大化」や「運動神経」および「エネルギー供給機構」の発達などによるものです。
　それぞれの「筋繊維」を鍛えることで、たとえ「速筋繊維」の割合が低くても、瞬発力を発達させることができますし、「遅筋繊維」の割合が低くても、持久力を発達させることができるのです。

　しかし、いくら「筋繊維」を鍛えようとも、「遅筋繊維」を「速筋繊維」に直接変えて数を増やすことはできませんし、「速筋繊維」を「遅筋繊維」に直接変えて数を増やすこともできません。
　つまり、「速筋繊維」や「遅筋繊維」のみを鍛える方法には限界があるのです。

　平均的な日本人のように「速筋繊維」の少ない人が、瞬発力を発達させる鍵は「**中間筋繊維**」にあります。
　「中間筋繊維」は、「速筋繊維と遅筋繊維の中間的な性質をもった筋肉」のこ

とであり、誰もが「速筋繊維」や「遅筋繊維」と同じようにもっている筋繊維です。

実はこの「中間筋繊維」を鍛えることで、「中間筋繊維」に「速筋繊維」の性質を持たせることができる、と考えられているのです。
したがって、トレーニング次第では「速筋繊維」が少ない人でも、「中間筋繊維」を鍛えて「速筋繊維」の割合を大きくすることができるのです。

逆に、「遅筋繊維」が少ない人は、「中間筋繊維」を「遅筋繊維」に変化させることはできないのかと疑問に思うかもしれません。
残念ながら「中間筋繊維」は「速筋繊維」にしか変化させることができず、「遅筋繊維」の数を増やすことはできないと考えられています。

しかし、トレーニング次第では、「速筋繊維」を「中間筋繊維」に変化させることはでき、これによって持久力を発達させることが可能になります。

つまり、何事もトレーニング次第では、少ない筋繊維を「中間筋繊維」で補い、各々のスポーツに適した「筋繊維バランス」にすることが可能になるのです。

■「スポーツ」におけるトレーニングの効果と方法

「スポーツ」におけるトレーニングでよく議論になるのが、「ウエイト・トレーニング」がスポーツの競技力の向上につながるかどうかということです。

「ウエイト・トレーニング」は、一般的に「速筋繊維」の肥大化を狙うものです。
「速筋繊維」は「無酸素系が発達した筋繊維」なので、「速筋繊維」を肥大化させることで、強度の高い運動が可能になります。

また、多くのスポーツにおいて、主要なエネルギー供給機構は「ATP-PCr系」や「解糖系」などの無酸素系なので、「ウエイト・トレーニング」をすることは間違った方法論ではありません。
しかしながら、スポーツにおける持久力となると、筋肥大をねらったウエイト・トレーニングをするだけでは少し不十分です。
スポーツには瞬発力だけではなく、持久力も同時に求められるものが多いからです。

たとえば、サッカーは「瞬発力」が求められるスポーツです。

一流選手になると、1試合に10 km以上も走り続けられるような「持久力」も求められます。

特に長距離走やマラソンでは、「瞬発力」よりもむしろ「持久力」が重要視されます。このような筋肉によって生み出される「瞬発力」や「持久力」などの「筋力」は、一般的に次のように定義されています。

> 筋力 =（筋肥大）×（神経発達度）×（瞬発力）×（持久力）

つまり、スポーツに必要な「筋力」とは、「速筋繊維」や「遅筋繊維」の総合力なのです。

よく「ボディービルダーの筋肉は役に立たない筋肉だ」などと、過度に肥大化した筋肉を揶揄するものがありますが、これは「筋肥大」の要素ばかりが突出していて、他の要素である「神経発達度」や「瞬発力」「持久力」が伴っていないということを指摘するものなのです。

ボディービルダー全員の筋肉が果たしてそうであるのかは分かりませんが、「筋力」には筋肥大だけではなく、他の要素も同じぐらい重要であるということは紛れもない事実です。

すなわち、「筋力トレーニング」とは、「筋肥大」によって絶対的な力を大きくし、「神経発達」によってその筋肉の動員量を増やし、「瞬発力」によって発揮する速度を大きくして、その筋力を「持続させる力」を長くすることなのです。

＊

また、よく「筋力トレーニングはスピードが落ちる」という人がいますが、これは誤解です。

重量挙げ選手の垂直飛びの記録は、バレーボールや走り幅跳びの選手と肩を並べますし、30 mダッシュでも短距離走の選手と互角です。

ドーピングで陸上競技選手としての資格を失った、カナダの短距離走者であるベン・ジョンソンは、「筋力トレーニング」の効果を上げようとするあまり、薬物に頼ったわけです。

＊

「筋力」とは、「筋繊維の筋肥大」や「神経発達度」「瞬発力」「持久力」の要素

の積のことです。
　したがって、どれか1つの要素だけを集中的に鍛えて、他の要素を疎かにするのは、あまり良いトレーニングとは言えません。

　スポーツで求められる「筋力」のバランスは、各々のスポーツで異なるのが通常です。
　そのスポーツに適した「筋力」の要素を決めて、それを意識したトレーニングメニューを組むことが、効果的であり、大切なことです。

■「無酸素運動」によるトレーニング

　「速筋繊維」や「遅筋繊維」は、「無酸素運動」によって鍛えることができます。

　「速筋繊維」では、「筋肥大」や「神経発達度」「瞬発力」の要素を発達させることができます。
　一方、「遅筋繊維」では、「神経発達度」や「持久力」の要素を発達させることができます。

　また、「遅筋繊維」は、「速筋繊維」とは異なり、「筋肥大」させることがほとんどできないと考えられています。
　これは、「発達した遅筋繊維」を備えているはずのマラソン選手の肉体を見れば、すぐに分かることだと思います。オリンピックなどの世界大会で、筋肉隆々の大柄なマラソン選手など、まったくいないはずです。

＊

　ここで、次の表47に各筋繊維の鍛えることができる「筋力」の要素をまとめました。

　「速筋繊維」と「遅筋繊維」で被っている要素は、「神経発達」だけです。
　したがって、「神経発達」は、どのスポーツにおいても非常に重要な筋力要素になります。
　残りの要素は、「速筋繊維」と「遅筋繊維」で分かれており、各々のスポーツによってトレーニングの仕方が異なってくるので、自分に合ったトレーニングを選択する必要があります。

表47　「無酸素運動」によるトレーニングで鍛えることができる「筋力」の要素

	筋肥大	神経発達度	瞬発力	持久力
速筋繊維	○	○	○	×
遅筋繊維	×	○	×	○

■「速筋繊維」の「筋肥大」について

　「筋肥大」が生じる筋繊維は主に「速筋繊維」です。
　また、トレーニングによっては、「中間筋繊維」を「速筋繊維」に変化させ、「肥大化」させることもできます。

　なぜこのように「速筋繊維」でしか主に「筋肥大」が生じないのかというと、その理由は、「筋肥大」の仕組みを考えることで理解することができます。

　「速筋繊維」は、ウエイト・トレーニングなどで、日常生活では受けることのない強い負荷を何回も受けると、筋繊維の一部が損傷して、疲労状態になります。これは、ちょうど「筋肉痛」が生じている状態です。
　損傷した筋繊維に「ブラジキニン」や「ヒスタミン」などの発痛物質が作用して、痛みを生じさせているのです。

　この状態から筋繊維が回復する際に、身体の防御反応として、再び同じ負荷を受けても筋繊維が損傷しないように、筋繊維を「肥大化」させます。
　このような「筋繊維の損傷と回復」を繰り返すことで、徐々に「筋肥大」が進むのです。

　筋繊維が回復する際に「筋肥大」が見られるので、これを「**超回復**」と言います。
　「超回復期間」は疲労や筋肉痛を感じていることが多く、この状態で筋肉に過負荷を与えるトレーニングなどを行なうと、筋肥大はおろか、怪我にまでつながる危険性もあります。
　「筋肥大」を狙うトレーニングをする場合は、筋肉を休ませる「超回復期間」が非常に重要になります。

　さて、なぜ「速筋繊維」でしか「筋肥大」が生じないのかという疑問についてです。
　この理由は、運動をして「疲労」を感じるのは、「解糖系」によるエネルギー

供給のみだからです。

「解糖系」のエネルギー供給機構は、「遅筋繊維」よりも「速筋繊維」で発達しています。

また、強い負荷を受けるようなトレーニングにおいては、高い強度の運動を可能にする、無酸素系のエネルギー供給機構の多い「速筋繊維」が中心に収縮します。

このような理由から、「筋肥大」は「速筋繊維」でしか見られないと考えられています。

*

しかしながら、筋力トレーニングによる「筋肥大」のメカニズムについては、現在必ずしもすべてが明らかにされているわけではありません。

ただ、「筋肥大」には、「テストステロン」という男性ホルモンが重要な働きをすることが知られています。

このホルモンは、幼児期にはほとんど分泌されませんが、思春期になると急に分泌量が増加し、特に男性では多量に分泌されます。

この男性ホルモンは、男性では精巣、女性では副腎皮質から分泌され、骨格筋に対して、そのタンパク質同化作用を促進し、「筋肥大」を促す働きをしています。

*

ソウルオリンピック陸上競技男子100 m種目において、ベン・ジョンソンが、当時驚異的な記録で優勝しました。

しかし、その後、筋力増強剤の「アナボリックステロイド」使用のドーピングにより、ベン・ジョンソンは金メダルを剥奪されてしまいました。

「アナボリックステロイド」とは、筋肉の肥大を促進するタンパク質同化作用の強い「ステロイド系ホルモン」の一種で、筋力トレーニングとともに服用すれば、筋肉の増強は一段と強まります。

しかし、その副作用として、肝機能や生殖機能の障害、心臓血管系の疾患など、健康上の危険性が極めて高いのです。

そのため、国際オリンピック委員会では、「アナボリックステロイド」をドーピングの禁止薬物として指定し、違反したベン・ジョンソンを失格としたのです。

「筋肥大」による筋力の向上は、やはり筋力トレーニングにおける生理的適応によるべきです。

■「速筋繊維」と「遅筋繊維」の「神経発達」について

「筋肉」は、ウエイト・トレーニングなどで自分の限界に近い強い負荷を受けると、大脳の運動中枢の興奮性が高まり、運動神経を通して電気信号が伝達される筋繊維の量が増加します。

このようなトレーニングをして筋肉の「神経機能」が発達すると、筋力発揮時により多くの筋線維を動員できるようになり、より大きな力を出せるようになります。

つまり、これは「神経伝達の効率化」であり、できるだけ少ない筋肉量で最大限の能力を引き出そうとするものです。

自然な身体の反応としては、「筋肉を肥大化させる」よりも、「神経伝達の無駄をなくして効率化を図る」ほうが、基礎代謝も少なく楽なのです。

よく「火事場の馬鹿力」と言いますが、これも原理は同じです。

脳は緊急事態を察知し、「神経伝達」を活性化して、筋肉の動員量を増加させるのです。

人は普段は2〜3割ほどの力しか出していないといいます。

すべての「骨格筋」が出せる力を合わせると、その力は20〜22 t にも達するそうです。

*

また、「神経発達」は反復練習によっても発達することが分かっています。これは、同じ動作を繰り返すことによって、「神経伝達」の無駄がなくなるためです。

よく「身体が覚える」という表現をしますが、これは効率化された神経発達が「手続き記憶」になったものだと考えられています。

「手続き記憶」は、普通の記憶とは異なり、イメージとして思い浮かべることが難しく、記憶が失われにくいという特徴があります。

これは、「老人性認知症」の人を観察すればよく分かることです。

「老人性認知症」の人は、言葉は忘れても、箸の動かし方やベッドで横になる動作などは忘れません。

食べたことは忘れても、食べる動作は忘れないのです。

「手続き記憶」は、小脳とかなり重要な関係にあるということがよく知られています。

＊

ウエイト・トレーニングによって「神経発達」を狙う方法は、「筋肥大」を狙うウエイト・トレーニングと似ていますが、「神経発達」の場合は、「筋肥大」よりもより強い負荷を、ほんの数回だけ行なうのが効果的です。

また、筋力トレーニングの初心者では、トレーニングの初期に筋力が著しく向上することがあります。
このような筋力の向上は、筋繊維の肥大によるものではなく、トレーニングの重量負荷に対する筋力発揮に動員される筋繊維数が増大し、その結果として起きたものと考えられています。

なお、このようなトレーニングをさらに長期間継続すると、徐々に「筋肥大」が生じてきます。

■「速筋繊維」の「瞬発力」について

ウエイト・トレーニングなどの筋肉に負荷をかけるトレーニングでは、「できるだけゆっくりと筋収縮させる」のが効果的だという旨の記述をよく見掛けます。
これは、ダンベルやバーベルを持ち上げるときに、「ゆっくりと持ち上げる」ということです。

ただ、このような場合のトレーニングは、「筋肥大」を狙ったトレーニングであることが多いので、「瞬発力」を鍛えたい場合は、「ゆっくり」とではなく、むしろ「素早く」持ち上げます。
運動によって素早く筋収縮をさせることで、筋肉の収縮力や神経の反応力が発達し、高い「瞬発力」を出すことができるようになるのです。

＊

また、このようなトレーニングを繰り返すことで、「ATP」供給速度が速い「解糖系」などの無酸素系のエネルギー供給機構が発達し、「中間筋繊維」を「速筋繊維」に変化させて、「瞬発力」を発達させることもできる、と考えられます。

■「遅筋繊維」の「持久力」について

「持久力」は一般的には「スタミナ」として捉えられています。

この能力は、ある状態を維持し続けたり、ある動作を連続して続けたりする能力のことです。

連続して続けることができなくなると、「疲労」に陥ります。

したがって、「持久力」とは「疲労に耐える能力」と言ってもいいでしょう。

「持久力」は「筋肉」と「心肺」の2つの能力に分けることが多いですが、たいていこの両者は相伴しています。

「筋肉」の持久力は高いものの、「心肺」のそれは劣る、ということや、その逆の例は少ないです。

「遅筋繊維」の「持久力」を高めるためには、ウエイト・トレーニングなどの無酸素運動で、筋肉に何回も繰り返しできるような低負荷をかけます。

すると、筋肉のエネルギー供給機構が発達し、「持久力」を高めることができます。

これは、低負荷の無酸素運動を繰り返すことで、「解糖系」における「乳酸」の処理能力が高まるからだと考えられています。

「遅筋繊維」に多く存在しているのは有酸素系のエネルギー供給機構です。しかし、「遅筋繊維」にも無酸素系のエネルギー供給機構は存在しています。

適度に負荷を落とした運動においては、そのエネルギー供給機構は「解糖系」と「有酸素系」が混ざった運動になるのです。

この事実として、高い「持久力」が求められるマラソン選手の運動形態を分析すると、「クエン酸回路」や「電子伝達系」などによる有酸素運動よりも、「解糖系」による無酸素運動の比重のほうが多いそうです。

マラソン選手の筋肉はこのような優れた「解糖系」によって、速筋繊維や遅筋繊維で生じた「乳酸」が蓄積されにくく、疲労が溜まりにくい筋肉となっていることが考えられます。

長時間持続する運動の場合は、「乳酸」は生成されても、すぐに除去されます。

しかし、生成が除去能力を上回るようになると、血液中に急に「乳酸」が蓄積されるようになります。

生成と除去能力のバランスが崩れ、「乳酸」が急速に蓄積し始める臨界点は、「無酸素的な作業閾値」または「乳酸性の作業閾値」と呼ばれ、血液中の乳酸濃度が、だいたい4 mmol/Lの付近です。

よくトレーニングしているマラソン選手は、「脂肪」を有効に燃焼させ、「解糖系」を「クエン酸回路」や「電子伝達系」などによる有酸素エネルギー供給機構と連動させることで、一般人よりも「乳酸」をため込みにくいというデータがあります。

このため、マラソン選手と一般人では、同じ強度の運動をしても、そもそも生成する「乳酸」の量が違うということも考えられます。

＊

また、低負荷の無酸素運動を繰り返すことで、「乳酸」を処理する「速筋繊維」の有酸素系のエネルギー供給機構も発達し、「速筋繊維」を「中間筋繊維」に変化させて、「持久力」を発達させることもできると考えられます。

■「無酸素運動」のトレーニング内容

実際にトレーニングをする場合、鍛えたい要素に応じて、どのくらいの負荷をかければいいのかを理解していなければなりません。

筋力トレーニングで負荷を設定するには、自分の「最大筋力」を知る必要があります。

ここでいう「最大筋力」とは、「自分が連続して反復できない、最大の負荷」のことを指します。

たとえば、

> 「60 kgのバーベルを2回は持ち上げることはできないが、何とか1回は持ち上げることができる」

という人の最大筋力は、「バーベルでは60 kg」となります。

「最大筋力」を求める方法には、例で説明したような、(A) 限界の負荷をかけて測定する「直接法」と、(B) 最大筋力よりも弱い負荷をかけて、できた反復回数から測定する「間接法」——があります。

ただし、「直接法」は怪我をする恐れがあるので、「間接法」から最大筋力を測定するのが一般的です。

次の**表48**に「最大筋力」を求める表を示しました。
測定したときの負荷をX〔kg〕として「最大筋力」を求めてみましょう。

表48　負荷X〔kg〕に対する「反復回数」と「最大筋力」の対応表

連続してできる反復回数	最大筋力に対する負荷率	最大筋力〔kg〕
1回	100%	X
4回	90%	1.1X
8回	80%	1.3X
12回	70%	1.4X
20回	60%	1.7X
30回	50%	2X

具体的な表の使い方としては、
まず「適当な負荷」を設定して、普通にトレーニングをします。
たとえば、そのとき「40 kgのバーベルを20回持ち上げるのが限界だった」としましょう。
測定したときの負荷は「X=40 kg」なので、**表48**より、「最大筋力」は1.7×40 kg=68 kgとなります。
これは、「最大筋力」が「バーベルで68 kg」の人は、「40 kgのバーベルを20回まで持ち上げることができる」ということです。

*

それでは、「最大筋力」を求めたところで、各要素をトレーニングする方法論を紹介しましょう。
次の**表49**に目的別の具体的なトレーニング方法を示しました。

表48で求めた「最大筋力」をY〔kg〕とすると、発達させたい要素によって、次のようなメニューになります。

第5章 「スポーツ」の科学

表49 目的別トレーニングメニュー

	神経発達度	筋肥大	瞬発力	持久力
トレーニングの種類	高負荷トレーニング	中負荷トレーニング	中負荷トレーニング	低負荷トレーニング
推奨負荷〔kg〕	0.9Y〜Y	0.7Y〜0.8Y	0.5Y〜Y	0.3Y〜0.5Y
反復回数	1〜3回	10回	※1	30回以上
セット数	3セット	5セット	※2	3セット
セット間の休憩時間	3分	1分	2分	30秒以内

「瞬発力」のトレーニングだけは、少し特殊なので、注釈を付けました。

「瞬発力」のトレーニング方法で気を付けなければならない点は、運動によって素早く筋収縮をしなければならない点です。

したがって、瞬発力をトレーニングする場合は、最大スピードでトレーニング動作を行なう必要があります。

よって、※1の「反復回数」については、最大スピードを維持できなくなる回数まで行なうのが効果的です。

※2の「セット数」については、負荷を変えて複数回行なうのが理想的で、最初のセットでは負荷を弱くして、徐々に強くしていくと良いでしょう。

この表では、「最大筋力」をバーベルなどの器具を用いて測定する場合と想定して、単位を〔kg〕としていますが、この理論は走り込みや反復横跳びなどにも応用できます。

*

また、筋力トレーニングをするときには、タンパク質を充分に摂取することも大切です。

「骨格筋量」は、パフォーマンスに大きく影響します。そのため、多くの種目の選手が、筋量を増やそうと努力しています。

成人では、身体の細胞を正常に保つために、体重1kg当たり約1gのタンパク質が1日で必要になります。

（A）筋肥大を伴うようなトレーニング時には1.7〜1.8 g/（kg・日）、（B）持久運動時には1.2〜1.4 g/（kg・日）を摂取するのが良いとされています。

また、タンパク質摂取による「筋肥大」の効果を高めるには、運動後、でき

るだけ速やかにタンパク質を摂取することが大切だということが分かってきました。

さらに、運動中の筋損傷の予防には、運動前にタンパク質、またはアミノ酸を補給し、血中のアミノ酸レベルを高めておくと良いと考えられています。

■「有酸素運動」によるトレーニング

ジョギングやエアロビクス・ダンスのような「有酸素運動」は、残念ながら一般的に筋力の発達の効果が少ないとされています。

つまり、「有酸素運動」によるトレーニングだけでは、運動能力の上限の底上げをすることは難しいのです。

しかしながら、「有酸素運動」には酸素の摂取と運搬にかかわる呼吸や循環器系などの「心肺機能」を活性化する効果があるとされ、結果的には「持久力」を高めることができると考えられます。

実際に、「有酸素系のエネルギー供給機構」は、強度の低い運動だけでなく、強度の高い連続した無酸素運動から回復する能力にも関係していることが報告されています。

また、「有酸素運動」は有酸素系のエネルギー供給機構を主に働かせる運動形態なので、「クエン酸回路」によって、疲労物質である「乳酸」を取り除いてくれる効果があります。

そのため、「有酸素運動」によるトレーニングを「無酸素運動」によるトレーニングに組み込むことで、より高いトレーニング効果を得ることができるのです。

筋肉を鍛えたい人やさまざまなスポーツで活躍するアスリートは、「有酸素運動」のトレーニングだけでは充分な効果を望むことはできません。

しかし、健康のための運動ということなら、「有酸素運動」は効果的です。

「有酸素運動」は心肺機能を高め、冠動脈疾患のリスクを減少させ、ガンや糖尿病の発症率を下げ、さらには神経症や鬱病の予防にも良いとされているのです。

また、「有酸素運動」には「脂肪」を燃焼させる効果もあります。

強度の高い運動である「無酸素運動」では、主要なエネルギー源は「炭水化物」ですが、強度の低い運動の「有酸素運動」では、エネルギー源は「脂肪」になるのです。

健康を促進するためにも、「有酸素運動」は必要不可欠です。

5章参考文献

別冊宝島編集部編	「新装版 スポーツ科学・入門」宝島社
塚原典子/麻見直美	「好きになる栄養学」講談社
平澤栄次	「はじめての生化学」化学同人

第6章

「毒」の科学

- ■「毒」とは何か
- ■「薬物」としての「毒」と「薬」
- ■「薬の副作用」も考え方次第
- ■「薬毒物」の「生体内」への「侵入経路」
- ■「毒」の基本法則
- ■なぜ、「毒」で人は死ぬのか？
- ■毒作用による「毒の分類」
- ■「毒物」と「劇物」の違い
- ■いろいろな「毒物」
- ■毒殺事件

「毒」の科学

> 「毒」と「薬」の違いは、実はほとんどありません。使い方によっては、「毒」が「薬」になることもあるし、その逆もまた然りです。
> それでは、「毒」になる物質は、いったいどのような化学物質なのでしょうか。ここには、ある規則があるのです。
> この章では、「毒」を科学していきます。

■「毒」とは何か

　フグ毒の「テトロドトキシン」やトリカブトの「アコニチン」など、私たちの身の回りには「毒」と言われるものがたくさんあります。

　これらの「毒」は化学物質であり、本来、私たちの身体の正常機能には無関係な物質です。
　このような物質を、「生体異物」と言います。
　「生体異物」が生体内に入ったとき、生体に「有害」な作用を引き起こしたら、その物質は「毒」であると言われます。
　しかし、必ずしも「生体異物＝毒」という関係が成り立つわけではありません。「生体異物」は「薬」になることだってあるのです。

　「生体異物」が生体内に入ったとき、生体に「有益」な作用を起こしたら、その物質は逆に「薬」だと言われます。

　一般的に「毒」と「薬」は対義語のように言われることが多いのですが、科学的には、「毒」と「薬」の間には明確な違いはなく、ともに生物活性に影響を与える作用があるという点では、本質的にはまったく同じものです。
　したがって、使いようによっては「毒」が「薬」になったり、「薬」が「毒」になったりするのです。

＊

　「毒」も「薬」も含めて生体異物の「危険性」は、一般的に、以下のように表わすことができます。

> （危険性）＝（毒性）×（摂取量）×（時間）

　この式は、生体異物の「危険性」が、単純に「毒性」だけでは決まらないということを示しています。
　一般的に生体異物の「危険性」を議論するときには、「毒性」を重視して評価する場合が多いのですが、「摂取量」と「時間」の要因も同じぐらい重要です。

　たとえば、「毒性の強い物質」を摂取しても、それが「毒作用を起こす摂取量」に達していなければ、中毒は起きません。
　また、いくら「毒性」が強くても、それが「速やかに代謝される」ような物質なら、中毒は起こりません。
　すなわち、「生体異物」は「有害な摂取量と時間」においてのみ「毒物」であり、逆に言えば、「毒性」が弱くても「摂取量」と「時間」の影響が大きくなれば、「毒」になることだってあります。

　たとえば、コーヒーやお茶に含まれている「カフェイン」は、医薬品としても利用されていて、適切に処方すれば、眠気や倦怠感などに効果があります。
　しかし、過剰に摂取した場合は、強い「毒性」を発揮し、死に至る危険性を孕んでいます。

　また、「サプリメント」というと身体に良いイメージがあります。しかし、こちらも、「過剰摂取」は身体に悪影響を及ぼすことがあります。

　つまり、あらゆる物質は、多かれ少なかれ何かしらの「毒性」をもっており、「使用量」や「使用方法」次第で、「毒」にも「薬」にもなるのです。

　私たちが生きていくために必要不可欠な「水」や「食塩」でも、一度に多く摂取しすぎれば、「水中毒」や「食塩中毒」を引き起こし、最悪の場合、死に至ります。
　実際に2007年にアメリカの水飲みコンテストに参加した28歳の女性が、「水中毒」によって急死しています。
　この女性は、15分ごとに225 mLの水を飲み、合計7.6 Lを飲み干しました。
　水を短時間のうちに大量に摂取すると、腎臓が水分を処理しきれなくなり、水分が増えて、血液中のナトリウム濃度が低下します。

これによって「低ナトリウム血症」を引き起こし、頭痛や嘔吐、呼吸困難などの症状が現われ、最悪の場合、死に至ります。

水の致死量は成人男性で10〜20Lとされていますが、5〜8L程度での死亡例もあります。

■「薬物」としての「毒」と「薬」

「毒」と「薬」は表裏一体の関係であり、どんな「薬」にも「毒性」はあります。

「薬」の有益な作用を「主作用」とし、有害な作用を「副作用」として、「薬」は「副作用」よりも「主作用」のほうが現われやすいというだけの話です。

したがって、どんな「薬」でも「摂取量」が増えれば、「副作用」が出やすくなります。

「摂取量」を誤れば、死ぬことだってあるのです。

一般的に、「薬物」では、「毒」と「薬」の量的関係は、次の図50のようになります。

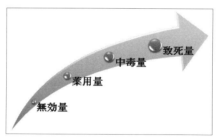

図50 「毒」と「薬」の量的関係

「薬物」を摂取しても何の作用も現われない摂取量を、「無効量」と言います。

摂取量を徐々に増やして、ある摂取量に達すると、初めて「薬効作用」を現わすようになります。一般的に「薬」と言われる薬物は、この「薬効作用」が現われる摂取量になるように、コントロールされています。

「薬用量」からさらに摂取量を増やしていくと、「中毒症状」が出るようになり、そこからさらに摂取量を増やすと、「致死量」に達します。

たとえ「猛毒」と言われる薬物でも、この「致死量」に達していなければ、死ぬことはありません。

このような「薬物の作用」が現われる摂取量を、毒物学では、それぞれ「ED」(effective dose：有効量)、「TD」(toxic dose：中毒量)、「LD」(lethal dose：致死量)と表現します。

*

毒物学に少しでも興味のある人ならば、「LD_{50}」なんかは見たことがあるのではないでしょうか。

「LD_{50}」は、「lethal dose 50%」の略称のことです。

日本語では「半数致死量」と言い、この量を投与すると、「半数の動物が毒作用で死んでしまう」という意味です。

つまり、「LD_{50}」の値が小さいほど「毒性」が強く、「LD_{50}」の値が大きいほど「毒性」が弱いことになります。

「LD_{50} = 10 mg/kg」は毒物の「急性毒性」を評価するのによく用いられます。

たとえば、「LD_{50}」(ヒト／経口)という毒物を、体重60 kgの人間が600 mg (10 mg/kg × 60 kg)飲んでしまうと、摂取した人間の「10人に5人」は死んでしまうということになります。

ただし、あくまでもこの数値は「毒性の強さ」を比較するための目安に過ぎません。

「致死量」の基準には、実験動物によって得られた数値が使われますが、動物愛護の立場から、使用動物の数を減らすため、おおよその「LD_{50}値」を求めるようになっています。

また、動物種や投与方法によって効果の出方が異なるため、「LD_{50}値」には、使った「動物種」と「投与方法」を書き添えることになっています。

したがって、人間の半数致死量のデータは少ないのですが、人間は雑食性で、なおかつ普段からありとあらゆる化学物質に触れているせいで、実験に使う動物よりも、毒物に対しての耐性が非常に強いと思われます。

ラットやマウスの致死量を人間に投与しても、少し具合が悪くなる程度で、何ともないなんてことはよくあることです。

一般的に人間の「LD_{50}値」は動物の「数倍」が目安とされていますが、実際には、かなりの摂取量まで耐えられるのではないでしょうか。

しかし、「毒の効きやすさ」には固体差があり、「LD_{50}値」よりもずっと少量で死亡する固体も存在するので、毒物の取り扱いには注意が必要です。

■「薬の副作用」も考え方次第

「LD_{50}」と同様の意味で「ED_{50}」や「TD_{50}」も求められ、一般的な薬物では、図50の関係から、「$ED_{50} < TD_{50} < LD_{50}$」という関係が導き出せます。

薬物を評価するときに、「人間に害しかないような薬物」は、「TD_{50}」と「LD_{50}」だけを見て評価します。
逆に、「医薬用の薬」を評価するときは、「ED_{50}」と「LD_{50}」を見て評価します。

*

「LD_{50}」と「ED_{50}」の比を「治療係数」と言い、次のように表わします。

$$治療係数 = \frac{LD_{50}}{ED_{50}}$$

一般的な薬物では「$ED_{50} < LD_{50}$」という関係があるので、「治療係数」は1より大きくなります。
この「治療係数」が大きい薬物ほど、毒性が現われる危険性が少なく、小さいものほど、使用に注意が必要な薬物となります。

たとえば、ドイツの製薬会社バイエル社が発売している、解熱鎮痛剤として有名な「アセチルサリチル酸」(アスピリン)の「治療係数」は約100であり、「薬用量」の100倍の量を摂取しないと、「致死量」には達しないことになります。
通常の服用で100倍量を摂取するなどということはまず考えられないので、「アスピリン」は比較的安全な薬物ということができます。

それに対して、心不全の治療などに使う「ジゴキシン」の「治療係数」は2～3程度です。このような薬は、少しでも投与量を誤ると致死量に簡単に達してしまう、非常にコントロールの難しい薬物だということになります。

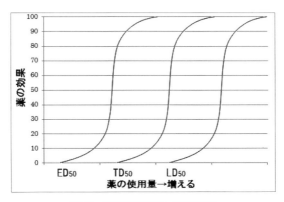

図51　薬物の「使用量−効果」曲線

　図51に薬物の「使用量−効果」曲線を示しました。

　「経口的」に摂取した薬物は、そのすべてが作用点に到達して「薬効作用」を示すわけではありません。
　身体に入った薬物は、まずは消化管で吸収され、門脈や肝臓を通り、その一部は代謝され、体循環に送り込まれて、ようやく作用点に到達するのです。
　したがって、「薬の効果」は「使用量」に相関はするものの、比例するわけではなく、図51で示すような「シグモイド・カーブ」(S字カーブ)となるのです。

　「$ED_{50} < TD_{50} < LD_{50}$」の関係から、グラフの順は、どの薬物も図51のようになりますが、その間隔は薬物によってさまざまです。

　「アスピリン」のような「治療係数」の大きな薬物は間隔が離れており、「治療係数」の小さな「ジゴキシン」のような薬物は間隔が狭くなっています。

　また、薬物によっては、「ED_{50}」と「TD_{50}」が被っている場合もあります。「副作用」が出やすい薬物はこの傾向が強いです。
　その場合は、「副作用」を抑えるために他の薬を投与したりするので、病院に行って「やけに薬が多いなあ」と思ったら、こういうことかもしれません。
　　　　　　　　　　　　　　　＊
　また、先ほどから「TD_{50}」を「副作用」として扱っていますが、この「副作用」が実は少し厄介なのです。
　「激しい頭痛がする」とか、「胃に穴が空く」とか、そういう分かりやすい症

状なら「有害な副作用」として片付けられます。

　しかし、たとえばアレルギー性鼻炎の治療薬である「レスタミン」(ジフェンヒドラミン)の副作用は、「眠くなる」なのです。
　「レスタミン」は、「ヒスタミン」という化学物質の「アンタゴニスト」として機能して、「ヒスタミン」の「受容体」への結合を阻害します。

*

　「**受容体**」とは、細胞の外部からやって来た「化学物質」の情報を受け取り、情報として利用できる形に変換する装置のことです。
　しかし、「受容体」はどんな情報でも、闇雲に伝えてしまうわけではありません。きちんと伝えるべき情報を選別して、その細胞の機能性に関わる「重要な情報」だけを伝えていきます。

　このような「情報管理」には、「受容体」の構造が大きく関わっていて、これは「カギ」と「カギ穴」の関係のように例えられます。
　情報を伝える分子が「カギ」で、それに対する受容体は「カギ穴」。

　「カギ」はある決まった形の「カギ穴」にしか入りません。もしも違う「カギ」が入ってしまったとしても、そこまでです。「カギ」を回すことはできないようになっています。
　自分の家の「カギ」で、隣の家のドアが開いてしまっては困りますから、これは当然のことではあります。

　このように、ある「受容体」に特異的に結合する物質を、その受容体の「**リガンド**」と言います。「リガンド」と「受容体」の関係が、ちょうど「カギ」と「カギ穴」の関係です。
　しかし、「リガンド」の中にも、「受容体に結合して情報を伝えられる物質」と、「受容体に結合するが情報を伝えられない物質」があります。

　「受容体」に結合した後、きちんと情報を伝える物質を「**アゴニスト**」(作動薬)と言います。

　それに対して、「受容体」に結合はしても、きちんと情報を伝えられない物質を「**アンタゴニスト**」(拮抗薬)と言います。
　これは、「アゴニスト」の構造と「受容体」に結合する部分がよく似ていて、「受

容体」に結合することはできるのですが、完全には一致していないので、きちんと情報を伝えるまでには至らない物質のことを言います。

このように、「アンタゴニスト」は受容体の「カギ穴」に入ることができるため、その後からやって来る「アゴニスト」が受容体に結合するのを阻害してしまいます。
「拮抗薬」という名前は、このように「アゴニスト」の作用に「拮抗」することから名付けられたものです。

*

「ヒスタミン」は「受容体」に結合して、アレルギー反応や炎症の発現に介在する「アゴニスト」です。「レスタミン」は「ヒスタミン」と競合的に「拮抗」して、「ヒスタミン」が「受容体」に結合するのを邪魔することで、アレルギー性鼻炎の症状を抑えるのです。

また、「ヒスタミン」は神経組織では「神経伝達物質」として働き、覚醒状態の維持などの作用に関わっていることが知られています。
「レスタミン」は脳内でも「ヒスタミン」の「アンタゴニスト」として機能するので、結果として、強い催眠作用を現わすことになるのです。

「レスタミン」を飲んで自動車を運転する人にとっては、「眠くなる」は有害な副作用ですが、不眠症の人にとっては、むしろ都合が良い副作用です。
こういう場合は「TD」とは評価せず、「ED」として見ることになります。
それ故に、「TD」は状況によって、「ED」にもなる、不透明な存在となるわけです。

実際に、「レスタミン」の「副作用」を生かした睡眠改善薬の「ドリエル」が、エスエス製薬から発売されています。
値段も「ドリエル」のほうがずっと高いのですが、薬の名前と主張する効能が違うだけで、有効成分は両者とも同じ「ジフェンヒドラミン塩酸塩」なのですから滑稽です。

薬には意外とこのようなトリックが多く、有効成分が同じなのに、薬の名前が違うだけで、値段が倍ぐらい違うなどということもよくあります。
その辺りは、薬の用途特許が切れていなくて、「ジェネリック医薬品」(物質特許が切れた医薬品を他の製薬会社が安価で供給する医薬品)を用いるこ

とができないなどの商業的な要因が絡んできたりして、難しい話なのですが。

*

「ジェネリック医薬品」は「先発医薬品」の価格に対して、20～70％の値段で購入することができます。

ただし、「添加物」や「生物学的同等性」(体内の薬物濃度推移)の違いなどによって、薬の効き目や副作用の表われ方がわずかに異なる場合があるので、注意が必要です。

薬を選ぶときは「薬剤師」と相談したり、箱裏の「成分表」を一度確認したりしてみることをお勧めします。

■「薬毒物」の生体内への「侵入経路」

「化学物質」が体内に入るには、さまざまな経路があります。

「口」から薬などの錠剤を摂取する場合は、「経口投与」と呼ばれます。
この場合、「化学物質」は消化管から吸収され、門脈を通って「肝臓」に入ります。
そこで分解や解毒されたのち、残りの一部が血液によって各臓器や器官に運ばれ、それぞれの「毒性」を発揮するのです。
このような肝臓による解毒作用を「**初回通過効果**」と言います。

*

薬物の多くが「経口」で摂取すると、「注射」よりも効きにくくなる理由は、ここにあります。
「肝臓」が「ファイアーフォール」のような働きをして、薬物が血中に拡散する前に「毒性」を弱め、さらに体外に排出されやすい形に変えてしまうのです。
一般的に「毒性」が強い物質は、「脂溶性」(水に溶けにくく油に溶けやすいこと)です。
このような物質は細胞膜を通過して、体内のあちこちに入り込みやすく、排泄しようとしても、再吸収されて血液中へと戻ってしまうのです。
しかし、こうした毒物も、「肝臓」の代謝を受けることで、「脂溶性」が低下します。
そのため、再吸収がされにくくなり、「水溶性」が高くなるので、尿や便として体外に排出されやすくなります。

しかしながら、「肝臓」の代謝を受けることで、「毒性」が一時的に強くなることもあります。これを、「代謝的活性化」と言います。
　たとえば、酒類に含まれる「エタノール」を代謝する過程で生成する「アセトアルデヒド」は毒性が強く、悪酔いや二日酔いの原因物質とも言われています。
　日本人は「アセトアルデヒド」を代謝する能力が遺伝的に弱いと言われており、日本人の44％が「アセトアルデヒド」を代謝する酵素の活性が弱いか、欠けていると言われています。

＊

　「注射」によって薬物を投与する方法には、「静脈内注射」や「皮下注射」「筋肉注射」が行なわれます。
　これらは「消化液」の影響を受けず、「肝臓」も通過しません。そのため、投与された化学物質は化学変化を受けにくく、吸収も速やかに行なわれるため、薬物の効果が強く現われやすいのです。

　しかし、これは逆に言えば薬物の血中濃度をコントロールしやすいということでもあるので、医療現場ではよく用いられる手段です。
　日本国内では、古くから「覚醒剤乱用」の投与形態が「静脈注射」ですが、これは「経口摂取」よりも効果が強く得やすいためだと思われます。

　さらに、病原菌や毒ガスのように、呼吸によって「肺」から吸収されて血中に入るとういう経路もあります。

　また、皮膚をただれさせる糜爛性の毒ガスなどは、「皮膚」からも直接吸収されます。
　「皮膚」から吸収される有害物質は、総じて「経皮毒」と呼ばれます。
日常生活の中にも、「経皮毒性」のある化学物質は少なくありません。化粧品の保湿剤や乳化剤として含まれる「プロピレングリコール」や、合成洗剤の「ラウリル硫酸ナトリウム」も、量によっては皮膚組織や角質層を破壊する作用があります。
　ネックレスやピアスなどで皮膚の炎症を起こす「金属アレルギー」も、こういう意味では「経皮毒」ということができます。
　毒は「皮膚」から吸収されると、血管やリンパ管などの全身循環系に直接入るので、「注射」と同様に薬物の効果が強く現われやすいです。

基本的に「皮膚」は、多くの薬物や毒物から生体を護る「防護壁」となっていますが、ある種の薬毒物は、「経皮吸収」によって毒性を現わします。
　たとえば、有機合成でメチル化剤として汎用される「ジメチル硫酸」は、腐食性および発ガン性が強く、「粘膜」や「皮膚」からも吸収されるので、大変危険です。
　「地下鉄サリン事件」で使用された「サリン」も、「呼吸器」や「皮膚」を通して体内に吸収され、痙攣や呼吸困難を引き起こして死に至らせます。
　「経皮毒性」がある化学物質を扱う際には、充分注意しなければなりません。

*

　次の表52に「化学物質」の主な「侵入経路」を示しました。
　このように「化学物質」の人体への「侵入経路」はさまざまであり、同じ「薬毒物」でも、その「経路」によって効き方にも違いが現われるのです。

　たとえば、東南アジア原産のマチンの種子に含まれる「ストリキニーネ」という毒のラットに対する「LD_{50}」値は、「経口」では約20 mg/kgなのに対して、「皮下注射」ではわずか1.2 mg/kgです。
　注射によって「肝臓」を通さないというだけで、毒性は17倍近くも跳ね上がるのです。

　ちなみに、この「ストリキニーネ」は、熱帯アジアで矢毒として長らく狩猟に用いられてきた「毒物」です。
　あの世界一周を敢行したマゼランも、フィリピン諸島のマクタン島住民による「ストリキニーネ」塗布の矢毒によって殺されたといいます。

　獲物の血中に毒を直接注射する「矢毒」としての利用法は、効き目という観点から見ても極めて合理的です。
　「矢毒」で仕留めた獲物を食べても、「ストリキニーネ中毒」にならないことが薬理学的に興味深いところです。
　これは「経口摂取」をすると、肝臓の「初回通過効果」によって毒が代謝され、「毒性」が弱まることを意味しています。先人は、おそらく経験からこのことを知っていたのでしょうね。

表52 「化学物質」の主な「侵入経路」

侵入経路	例
目	病原菌や毒ガスなどが「角膜」から侵入
肺	大気汚染や毒ガスなどで汚染された空気を吸うことで、「肺」から侵入
口	食べ物や飲み物、薬などを通して「口」から侵入
筋肉	筋肉注射や、ヘビ、ハチなどによって「筋肉」から侵入
皮膚	洗剤や毒ガスなどで「皮膚」から浸入

■「毒」の基本法則

「毒」は、なぜ「毒」なのでしょうか。

循環論に陥ってしまいそうな命題ですが、「毒」が「毒」として機能するのは、体内に侵入したときに、「毒」の分子が身体の細胞にさまざまな影響を与えるからです。

それは、神経伝達を阻害したり、タンパク質を変性させたり、エネルギー代謝を阻害したりと、毒によってさまざまです。

「毒」が「毒」であることの基本法則として、

> 「毒」は「身体にとって重要な分子」に似ている

ことが多いです。

たとえば、「一酸化炭素」が毒となるのは、「酸素」の代わりに「一酸化炭素」が「ヘモグロビン」と結合するからです。

これは、「一酸化炭素分子」が身体にとって重要な分子である「酸素」に形が似ているため、「ヘモグロビン」が誤って「一酸化炭素分子」と結合してしまうのです。

本来、「ヘモグロビン」は、「酸素」を運搬する働きを担います。

ところが、「酸素」を押しのけて「一酸化炭素」が強く結合する結果、「酸素」を各細胞に供給することができなくなってしまいます。

つまり、生物にとって、「無害な生体分子に似ている分子は毒になる」という、「毒」の基本法則が成り立つのです。

第6章 「毒」の科学

さらにもう1つの「毒」の基本法則として、

> 「毒」は「反応性が非常に高い分子」である

ことが考えられます。

たとえば、「フッ素」や「塩素」などの「ハロゲン」は反応性が非常に高く、身体の細胞と化学反応を滅茶苦茶に進行させるために、「有毒」になります。

「フッ素ガス」を初めて単離して、その功績から1906年にノーベル化学賞を受賞したフランスのモアッサンは、その実験の過程で片目の視力を失っていますし、「塩素ガス」は1915年の第一次世界大戦の塹壕戦で、ドイツ軍が連合国軍に対して、毒ガスとして使っています。

他には、「塩酸」や「硫酸」などの強酸も、タンパク質を激しく変性させるために、有毒になります。
「水酸化ナトリウム」や「水酸化カリウム」などの強塩基も、これと同様に、有毒です。

また、化学物質ではありませんが、「放射線」の一種である「γ線」が有毒なのも、これと同じ理由です。
「γ線」はエネルギーが非常に大きな電磁波なので、「γ線」を浴びると、身体中の細胞で化学反応が進行し、体内で活性酸素などを発生させ、「DNA」(デオキシリボ核酸)を損傷させたりして、毒性を現わすのです。

つまり、生物にとって、「身体の細胞との反応性が高い分子は毒になる」という「毒」の基本法則も成り立つのです。

*

・「毒」の基本法則

> (1)「無害な生体分子に似ている」分子
> (2)「身体の細胞との反応性が高い」分子

この2つの基本法則が、「毒」が「毒」として機能する大まかな理由になります。

しかし、私たちは、「毒」を評価する上で、「急性毒性」という言葉を知っています。これは、毒物学では「LD」(lethal dose:致死量)で表わされます。

たとえば、「LD$_{50}$ = 10 mg/kg」(ヒト／経口)とあったら、体重60 kgの人は、その「毒」を600 mg経口摂取したら、1/2の確率で死亡することになります。

「毒」が「毒」として機能することは理解できると思いますが、なぜ人は、「毒」で死ぬのでしょう。

■なぜ、「毒」で人は死ぬのか？

「毒」で人が死ぬ理由を考える前に、「死」というものを定義しておきましょう。

生物学的な「死」には、大きく分けて、「細胞死」と「個体死」の2種類があります。これに「組織死」を加えることもありますが、これは「細胞死」に加えることにします。

私たちが日常生活で使う「死」というものは、一般的に「個体死」です。それに対して、「細胞死」とは、私たちの身体を構成している細胞が死ぬことです。

私たちの身体は約100京個の細胞から構成されており、その1つ1つの細胞が生きています。私たちの身体は、「小さな生命体」の集合ともいうことができると思います。

それでは、その「細胞」が死んでしまったら、集合体である「個体」も死んでしまうのでしょうか。

「細胞の死」は「個体の死」の「必要条件」ですが、「十分条件」ではありません。

たとえば、腕や足はたくさんの「細胞」が集合して構成されていますが、それらの「細胞」が死んで腕や足がなくなったとしても、「個体」は生きていくことができます。

「個体死」は、「脳」や「心臓」あるいは「肺」の「細胞」が死ぬことによって引き起こされるからです。

「個体」はこれらの器官が1つでも欠ければ生きていくことはできません。

一般的に、「個体死」というものは、「脳」「心臓」「肺」のすべての機能が停止した場合と考えられており、医師が死亡確認の際に、「呼吸」「脈拍」「対光反射」の消失を確認することは、これに由来しているのです。

個体が衰弱などで「個体死」を迎える場合、そのプロセスは一般的に、次の

図53のようになると考えられています。

図53 「個体死」のプロセス

一般的な定義では、「脳機能の停止」をもって「個体の死」としているものの、このプロセスは速やかに進むため、たとえば「心臓機能」が先に停止しても、すぐに他の2つも機能を停止します。

つまり、「個体死」のプロセスとしては、その順番はあまり重要ではなく、どれか1つの機能でも停止してしまったら、生命の危険があるのです。

しかしながら、医療技術の発達によって、「脳機能」が停止しても、「肺」や「心臓」の機能が停止しない場合があります。
これは「脳死」と呼ばれ、「心肺機能」に致命的な損傷はないものの、何らかの事故などで頭部に強い衝撃を受けた場合、または「くも膜下出血」などの「脳」の病気が原因で発生することが多いです。
日本では「脳死」を「個体死」とする旨を法律に記載していませんが、ここでは「脳死」も「個体死」とすることにしましょう。

これより、「個体死」は「肺」「心臓」「脳」の細胞のいずれかが死ぬと引き起こされるということが分かります。

つまり、「毒」が「個体死」を引き起こす理由は、「毒」が体循環によってこれらの細胞に送り込まれ、そこで「毒作用」を及ぼして、これらの「細胞」を死滅させてしまうからです。

「細胞」は毒によって「死滅」すると、その部分は正常に機能しなくなるため、そのぶん臓器の機能低下がもたらされます。

特に「神経細胞」や「心筋」のように、再生しない組織が死滅すると、その部分の機能は永久に失われることになります。このような組織が「毒」にやられると致命的です。

　このように「毒」によって損傷を受けた「細胞」が死滅することを、「**ネクローシス**」(壊死)と言います。
　「毒」は「ネクローシス」によって臓器の機能低下を著しく進行させるため、「致死量」を摂取すると、直ちに「個体死」に至るのです。

■「毒作用」による毒の分類

　「毒」が「ネクローシス」を引き起こすプロセスには、さまざまなものがあります。
　個体への「毒作用」の観点から毒を大きく分類すると、「神経毒」「血液毒」「細胞毒」の3種類の毒に分類できます。

　「神経毒」は、体内に吸収されると、主として「神経系」にダメージを与えるものです。
　フグ毒の「テトロドトキシン」やトリカブトの「アコニチン」、オウム真理教によって犯罪に使われた「サリン」、さらにタバコに含まれる「ニコチン」などがこれにあたります。
　「神経毒」は、呼吸や心臓の運動を司る「自律神経系」の「神経伝達」まで阻害してしまうので、呼吸困難や心不全を引き起こし、個体を死に至らせるのです。
　「神経毒」は、「毒作用」が死に直結するので、「猛毒」と呼ばれる毒が多いです。

　「血液毒」は、血液に「毒作用」を及ぼすもので、「赤血球」や「血管系」の細胞にダメージを与えます。
　「血液毒」で「赤血球」がやられると、細胞に酸素を運搬できなくなり、結果的に大規模な「ネクローシス」を引き起こすことになるのです。
　「脳」や「心臓」などの細胞が、「血液毒」にやられると致命的です。
　また、「マムシ」や「ハブ」の毒には、「タンパク質分解酵素」が含まれており、血液凝固を阻害して出血を促進するため、出血多量で死に至ることもあります。
　人間の血液は、一般的な体重60 kgの成人男性で約5 Lあると言われており、そのうち約30%(約1.5 L)の血液を失うと、生命の危機です。
　これは、血液が少なくなることによって血圧が急激に下がり、末端である「脳」

第6章 「毒」の科学

に血液が循環しにくくなり、「脳」が酸素不足となって「ネクローシス」を引き起こしてしまうからです。

「細胞毒」は「細胞膜」を破壊したり、特定の酵素の働きを妨げて「エネルギー代謝」や「タンパク質合成」を阻害したり、または「DNA」の「遺伝情報」を狂わせてガンを引き起こしたりするものです。
　これは、いわゆる発ガン性物質と呼ばれるものや、「サリドマイド」など催奇形性物質がこれにあたります。

「サリドマイド」には、母体の中の胎児に障害を生じさせる催奇形性があり、手足の成長を促すタンパク質の機能を阻害することで、手足の長さが極端に短い新生児が産まれてしまうようになります。

「細胞毒」は、一見すると直ちに死に至るような毒には思えないかもしれません。しかし、ある種の「細胞毒」は、「神経毒」に匹敵するぐらい毒性が強いのです。

たとえば、トウゴマの種子に含まれる「リシン」は、「タンパク質合成」を阻害する「細胞毒」として知られています。
　しかしながら、その人体における推定の「LD_{50}値」は 0.03 mg/kg とされており、毒物として有名な「青酸カリ」（$LD_{50} = 7$ mg/kg）の約200倍も毒性が強いのです。

表54　個体への毒作用による分類

	神経毒	血液毒	細胞毒
毒の種類	テトロドトキシン、アコニチン、ボツリヌストキシン、サリン、覚醒剤、モルヒネ、ニコチンなど。	一酸化炭素、塩素酸カリウム、酢酸鉛、アニリン、ニトロベンゼン、マムシやハブの毒など。	サリドマイド、ベンゼン、リシン、有機水銀、有機ヒ素、発ガン性物質、催奇形性物質など。
毒の作用	神経の信号伝達を阻害し、神経や筋肉の麻痺を引き起こす。呼吸困難や心不全、痙攣などをもたらす。	血液の赤血球や血管壁などの形状変化、機能変化を引き起こす。激痛や吐き気、腫れをもたらす。	細胞膜の破壊やタンパク質合成の阻害、DNAへの障害などを引き起こす。発ガンや生殖異常、奇形の発生をもたらす。

（田中真知「へんな毒すごい毒」より一部改め引用）

*

「リシン」が微量でこれほどまでに強い毒性を現す理由は、「リシン」には「タンパク質合成」を阻害する作用だけではなく、細胞の「**アポトーシス**」を暴走させる作用があるとされているからです。

「アポトーシス」は「プログラム細胞死」の1つであり、簡単にいえば、「細胞の自殺」のようなものです。

多細胞生物の生体内で内部に異常を起こした細胞のほとんどは、通常は「アポトーシス」によって取り除かれており、ガンなどの腫瘍(しゅよう)の成長は未然に防がれています。

人の指の形成過程も、最初は指の間が埋まった状態で形成され、後に「アポトーシス」によって指の間の細胞が死滅することで完成します。

「テトロドトキシン」などの一般の毒物は、細胞を損傷させて「ネクローシス」を引き起こします。
しかし、「リシン」などの一部の特殊な毒物は、「アポトーシス」によって無傷な細胞まで次々と「自殺」させてしまうので、たとえ微量でも致命的な猛毒となるのです。

■「毒物」と「劇物」の違い

「毒」と「薬」は表裏一体です。しかし、「毒」は「薬」とは異なり、生体が「毒」に接触、または「毒」を体内に摂取した場合に、化学的または物理的な作用で生体機能を一時的あるいは永久的に著しく害し、生命の危険を招くに至らせる化学物質であるということができます。
もちろん、先までに説明したように「毒」が「薬」となる場合もあるし、逆も然りなので、一義的に「毒」と「薬」を定義することは困難なのですが。

しかしながら、法規上では、「毒物及び劇物取締法」によって、「毒物」「劇物」「特定毒物」が、また「薬事法」によって「毒薬」「劇薬」が明確に規定されています。
つまり、一般的には、「毒」と「薬」という概念は分けて考えられているわけです。

第6章 「毒」の科学

「毒」と「薬」を分けるにあたっては、動物に対する「毒性試験」を行ない、(a) その化学物質の急性毒性や皮膚や粘膜に対する刺激性、(b) 中毒症状の発現時間、重篤度(じゅうとくど)、(c) 生体に対する障害の性質と程度、(d) 吸収・分布・代謝・排泄などの動態、(e) 蓄積性および生物学的半減期、(f) 生体内代謝物の毒性と他の物質との相互作用など、さまざまな観点から薬物を評価していきます。

かくして「毒性」が強いと認められた薬物が、「毒物」「劇薬」「特定毒物」となるわけです。

*

「毒物及び劇物取締法」に規定されている薬物は、素人が大量に所持していると違法となります。

また、「毒物」は素人が簡単には手に入れられないようになっているので、「毒物」を使った犯罪などの抑止になっているわけです。

「毒物」と「劇物」は、「毒性」の強さから、一般的に次の**表55**のように分けられています。

表55　実験動物での評価　※数値はLD_{50}

	経　口	皮下注射	静脈注射
毒物	30 mg/kg以下	20 mg/kg以下	10 mg/kg以下
劇物	300 mg/kg以下	200 mg/kg以下	100 mg/kg以下

言葉のイメージから意外に思う人もいるかもしれませんが、「毒物」と「劇物」では、「毒物」のほうがより毒性が強くて危険です。

また、「劇物」には人間における事故例を基礎として、「毒性」の検討を行ない判定することもあり、たとえば、有機溶剤の「トルエン」や「キシレン」は毒性が比較的低く、劇物の基準を満たさないものの、いわゆる「シンナー遊び」の横行が社会問題となったため、「劇薬」に指定されました。

また、「毒物」のうち、殺鼠剤(さっそざい)の「モノフルオロ酢酸」などのように毒性が極めて強く、その物質が広く使われる他、または使われると考えられているもので、危害発生の恐れが著しいものは「特定毒物」とされています。

このように社会では、「毒物」を規制する法律はいくつか存在しています。

■いろいろな「毒物」

　しかしながら、実際に「毒物」を規制するのにはまだ不完全であり、世の中には、「毒物及び劇物取締法」に記載されていない毒物もたくさんあります。
　毒性や危険性が高くても、ごく限られた用途にしか使われず、社会的な問題を起こしていない物質は、取り締まりの対象として指定されていないのです。

　たとえば、トリカブトの「アコニチン」やトウゴマの「リシン」などの「毒物」は、一般的に「猛毒」とされているのですが、これらの法律で「毒物」として記載されていません。
　なぜなら、これらの「毒物」は天然物であり、取り締まるのは事実上不可能だからです。

　現行の「毒物及び劇物取締法」では、「毒物」を取り締まるとしては抜け道が多いのが現状です。一口に「毒」といっても、その種類はごまんとあります。すべての「毒」を法律で規制しろというのは、不可能といっても過言ではありません。

＊

　「毒」を起源から分類すると、一般的に次の**表56**のようにすることができます。

　「毒」の分類について言えることは、「毒」は自然由来のものが圧倒的に多い、ということです。
　また、「生物が作り出す毒」のほうが、「人工的な毒」よりも毒性が強いことが多いです。
　「生物が作り出す毒」の多くは、進化の過程で身に付けたものです。「毒」は生物学的には下等な生物がもっているとされ、ある種は強い者に捕食されないように身を護(まも)るため、ある種は「毒」を使って獲物を捕食するために「毒」を保有しはじめたと言われています。

第6章 「毒」の科学

表56 いろいろな「毒」の分類

自然毒	動物毒	マムシ、クモ、フグなど
	植物毒	トリカブト、毒キノコ、トウゴマなど
	微生物毒	ボツリヌス菌、サルモネラ菌、O157など
	鉱物毒	ヒ素、水銀、カドミウムなど
人工毒	工業毒	トルエン、クロロホルムなど
	ガス毒	一酸化炭素、VXガスなど
	その他	農薬、環境ホルモン、食品添加物など

（田中真知「へんな毒すごい毒」より一部改め引用）

　ちなみに、「毒」の中でいちばん毒性が強いのは「ボツリヌストキシン」で、その「LD_{50}値」は、わずか0.0005 mg/kgです。
　「ボツリヌストキシン」は、ハムやソーセージ、あるいは缶詰や漬物などの嫌気的な条件下にある加工食品の中で繁殖する、「ボツリヌス菌」から生産される毒素であり、「地上最強の毒素」として名高いです。

　1984年に起きた熊本県の「からしレンコン」による「ボツリヌス中毒」では、「からしレンコン」がお土産に用いられたこともあり、感染者は13都道府県36名に上り、そのうち11名が死亡しました。

　「ボツリヌストキシン」は神経伝達物質である「アセチルコリン」の放出を妨げ、筋肉の動きを阻害して弛緩させます。そのため、感染者は呼吸などの生命維持機構が働かなくなって死亡します。
　しかし、意識ははっきりしているので、余計悲惨な中毒とも言えるでしょう。

　なお、「ボツリヌストキシン」は顔のシワ取りの美容整形に用いられることがあり、「ボトックス」という注射薬になっています。
　「ボトックス」を注射すると、その部分の筋肉の活動が鈍くなり、シワがなくなるのだそうです。
　世界一の「毒素」を美容整形に使うとは、まったく人間の叡智には驚かされます。

＊

　「毒」の名称で「〜トキシン」というものがしばしば使用されますが、これは、英語でいう「生物毒」が「トキシン（toxin）」だからです。
　「マイトトキシン」や「テトロドトキシン」など、生物由来の毒にしばしば使

われるワードです。日本語では「毒素」が近い意味です。
　よく耳にする「ポイズン」(poison)は、「天然毒」や「人工毒」のすべてを包括する総称です。
　「ヴェノム」(venom)は、動物由来の毒のうち、特に「毒ヘビ」や「サソリ」「ハチ」などの、毒腺をもった生物から分泌される毒液を現わします。

＊

　次の**表57**に各物質の経口投与による「急性毒性」の「LD_{50}値」を示します。ただし、この値は実験対象や実験条件なども異なるため、あくまでも目安に過ぎないことに注意してください。

　表57において注意しなければならないことは、「LD_{50}値が低い＝人間にとって脅威」とは必ずしもならないことです。

　「LD_{50}値」を目安とした比較は、あくまでも「急性毒性」についてのものであり、毒物を長期的に摂取した際の「慢性毒性」などについては当てはまらないからです。

　たとえば、「アスベスト」は吸入してから数十年の潜伏期間を経て、肺ガンや中皮腫などを引き起こします。
　また、催奇形性のある「サリドマイド」のように、摂取してからすぐには症状が現われず、摂取を止めてから、時間が経って発症するようなものもあります。

　「サリドマイド」は、睡眠薬としてドイツの製薬会社グリュネンタール社が開発し、胃腸薬としても有効なことから、日本でも、妊婦がつわり防止や眠れないときに使っていました。
　しかし、産まれてくる胎児に奇形を引き起こす副作用があり、摂取した本人ではなく、その後に生まれてくる子供に影響を及ぼすので、「遅延毒」と呼ばれることがあります。
　そのため、「サリドマイド」は、発売からわずか数年で販売停止となりました。

　つまり、「毒物」は総合的に毒性を評価しなければならず、人間にとって脅威であるかどうかは、「急性毒性」だけでは決まらないのです。

第6章 「毒」の科学

表57　各物質の「経口投与」による「LD50値」

名　称	含有するもの・用途	LD_{50}値〔mg/kg〕
ボツリヌストキシン	ボツリヌス菌	0.0005
TCDD（ダイオキシンの一種）	産業副産物	0.0006～0.002
ベロトキシン	赤痢菌、O157	0.001
バトラコトキシン	ヤドクガエル	0.002
テトロドトキシン	フグ、ヒョウモンダコ、微生物	0.01
VXガス	化学兵器（毒ガス）	0.02
リシン	トウゴマ	0.03
モノフルオロ酢酸	殺鼠剤	0.1
アコニチン	トリカブト	0.3
サリン	化学兵器（毒ガス）	0.35
ニコチン	タバコ	7
シアン化カリウム（青酸カリ）	試薬	7
亜ヒ酸ナトリウム	試薬	10
黄リン	試薬	10
DDT	農薬（有機塩素系）	110
モルヒネ	麻薬、鎮痛薬	120
メタンフェタミン	覚醒剤	135
カフェイン	お茶、コーヒーなど	200
アセチルサリチル酸（アスピリン）	解熱鎮痛剤	500
塩化ナトリウム（食塩）	調味料	3,500
エタノール	種類	8,000
グルタミン酸	調味料	20,000

　その証拠に、タバコに含まれる「ニコチン」は、「青酸カリ」に匹敵する「急性毒性」がありますが、タバコを吸って「ニコチン中毒」で急死したという人は聞いたことがありません。
　これは、タバコの煙に含まれる「ニコチン」が微量であり、致死量の「ニコチン」を一度に摂取するということは、普通ではありえないからです。
　このような場合は、むしろ「慢性毒性」を議論するべきであり、タバコと肺ガンの関連性は現在でも議論されています。

　なお、タバコを誤食してしまった場合には、「急性ニコチン中毒」を起こして、死に至る可能性があります。
　吐き気や嘔吐、下痢などの症状が現われ、顔面蒼白になり、汗や唾液の分

泌が多くなります。重症化すると、痙攣を起こして呼吸困難や心臓麻痺によって短時間で死亡します。

　子供による誤飲事故の原因では、常に「タバコ」が首位を占めている他、飲みかけのビールやジュースの缶に吸殻を捨てるのは、大人でも誤飲する恐れがあります。
　「ニコチン」は水に溶けやすく、水溶液になると、身体に吸収されやすくなるため、タバコが浸された液体の誤飲は大変危険です。

　なお、「ニコチン」には強力な殺虫作用があり、アブラムシ退治などに利用されることもあります。

■毒殺事件

　「毒殺」という言葉を聞いて、多くの人が思い浮かべるのは、「帝銀事件」や「地下鉄サリン事件」「和歌山毒物カレー事件」などの、忌々しい「毒殺事件」の数々だと思います。

　「毒殺」の最も恐ろしい点は、被害者が意識することなく毒作用が現われ、急死してしまうことでしょう。
　犯人が毒殺を企んだなら、それを察知して回避することは難しいのです。
　毒殺には周到な準備が必要不可欠で、科学な知識も必要になります。そこには、犯人の歪んだ性向や性格が、見え隠れしています。
　ここでは、日本や世界で起きた有名な「毒殺事件」をいくつか紹介していきましょう。

●帝銀事件

　1948年1月26日、銀行の閉店直後の午後3時すぎ、東京都防疫班の白腕章を着用した中年男性が、厚生省技官の名刺を差し出して、「近くの家で集団赤痢が発生した。GHQが行内を消毒する前に予防薬を飲んでもらいたい」、「感染者の1人がこの銀行に来ている」と偽り、行員と用務員一家の合計16人に青酸化合物を飲ませた。
　その結果、11人が直後に死亡、さらに搬送先の病院で1人が死亡し、計12人が殺害された。犯人は現金16万円（現在の価値で約2千万円）と他小切手などを奪って逃走したが、現場の状況が集団中毒の様相を呈していたため、混乱が生じて初動捜査が遅れ、身柄は確保できなかった。

第6章 「毒」の科学

> 男は全員に飲ませることができるよう遅効性の薬品を使用した上で、手本として自分が最初に飲み、さらには「歯のエナメル質を痛めるから舌を出して飲むように」などと伝えて確実に嚥下させたり、第一薬と第二薬の2回に分けて飲ませたりと、巧みな手口を用いたことが生存者たちによって明らかにされた。
>
> 男が自ら飲んだことで、行員らは男を信用した。また、当時の日本は、上下水道が未整備で、伝染病が人々を恐れさせていた背景がある。16人全員がほぼ同時に第一薬を飲んだが、ウィスキーを飲んだときのような、胸が焼けるような感覚が襲った。約1分後、第二薬を男から渡され、苦しい思いをしていた16人は、競うように飲んだ。
>
> 行員の一人が「口をゆすぎたい」と申し出たが、男は許可した。全員が台所の水場などへ行くが、さらに気分は悪くなり、やがて全員が気を失った。

（Wikipedia「帝銀事件」より一部改め引用）

この犯行で使われたのが、「青酸カリ」（$LD_{50} = 7$ mg/kg）であるとされています。

体重60 kgの人なら0.4 gも摂取すれば、死に至る危険性もあるぐらいの強力な毒物です。

「帝銀事件」では未だに多くの謎が解明されていませんが、2回に分けて服毒させているという点から、シアン化物でも「アセトンシアノヒドリン」などの、胃の中で塩基と反応することで「青酸ガス」が発生するような高度な配合であったという説があります。

さらに、服毒した人のほとんどが死亡している点から、致死量の何倍もの青酸化合物を摂取させた疑いがあります。

普通ならこのような致死量の何倍もの毒物を飲ませようと思ってもなかなか上手くいきませんが、「薬」と演技で偽って飲ませているところが、巧妙な手口であったと言えます。

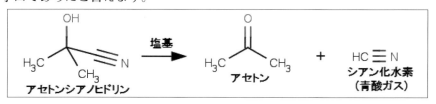

図58 「アセトンシアノヒドリン」の分解反応

「青酸カリ」といえば毒物の王様で、テレビや映画などでは、「青酸カリ」を

飲んだ人間が、痙攣を起こして息絶える場面がよく描かれます。

　後から捜査にやってきた刑事が、被害者の口元から「アーモンド臭」がしているのに気づいて、「青酸カリか……」とつぶやくのも刑事物の定番です。

　これは、「青酸カリ」(KCN) が次の化学反応より胃液 (HCl) と反応することで、「青酸ガス」(HCN) が胃の中で発生し、「アーモンド臭」を漂わせるからです。

　ただし、ここでいう「アーモンド臭」は、チョコレートやお菓子に使われるローストアーモンドの匂いではなく、収穫前のアーモンドの実や花が放つ、「甘酸っぱい匂い」のことを示しています。

$$KCN + HCl \rightarrow HCN + KCl$$

　この「青酸ガス」は毒性が非常に強いため、「青酸中毒」で倒れている人を見掛けても、ドラマの刑事のように決して臭いをかいではいけません。
　私はドラマの刑事はよく「青酸中毒」にならないなといつも感心して見ています。恐らく、ドラマの刑事は「青酸中毒」にならないように特殊な訓練を受けているのでしょう。

　「青酸ガス」のように「アーモンド臭のする化合物」というのは案外多くて、「ベンズアルデヒド」や「ベンゾニトリル」なども、甘酸っぱい「アーモンド臭」がします。「ベンズアルデヒド」は杏仁豆腐やビワ酒に含まれているため、これらの臭いがいわゆる「アーモンド臭」になります。

＊

　ちなみに、杏仁豆腐やビワ酒などに「ベンズアルデヒド」が含まれているのは、「アミダクリン」を含むアンズやビワなどの未成熟な果実や種子を材料としているからです。
　「アミダクリン」は青酸配糖体の一種であり、腸内の「βーグルコシダーゼ」の働きで加水分解されると、「ベンズアルデヒド」と「青酸ガス」を発生させます。
　これが杏仁豆腐やビワ酒に共通する、独特な芳香を作り出しているのです。
　ただし、「青酸ガス」は猛毒ではありますが、長期間保存することで、分解して無毒化されるので、杏仁豆腐やビワ酒を嗜んでも、「青酸中毒」になることはありません。
　しかし、欧米では、杏の生の種を誤って飲み込んで、「青酸中毒」を起こし

た例があります。杏の生の種の中身を5～25粒程度食べると、子供なら死に至るとされています。

＊

「青酸カリ」が毒になるメカニズムについては、まず「青酸カリ」が経口で胃の中に入り、胃酸と反応して「青酸ガス」を発生させます。

このガスはすぐに胃の粘膜から吸収され、静脈を伝わって全身を回ります。

このときにイオン化した「シアン化物イオン」(CN^-)が、「シトクロムオキシダーゼ」と「酸素」の代わりに結合することで、毒性を現わすのです。

毒性を現わすメカニズムは、「一酸化炭素」と非常によく似ており、静脈血が明赤色になることなどから、容易に「青酸化合物中毒」と判断できます。

このように「酸素」の代わりに「青酸」が結合することで、細胞に「酸素」を運べなくなってしまい、細胞呼吸ができなくなって、脳や心臓の細胞がやられると、直ちに死に至るのです。

● 和歌山毒物カレー事件

> 1998年7月25日に、和歌山県和歌山市園部地区で行なわれた夏祭りで、カレーを食べた67人が、腹痛や吐き気などを訴えて病院に搬送され、4人が死亡した。
>
> 当初、保健所は腐敗したカレーによる集団食中毒によるものと判断したが、和歌山県警は吐瀉物を検査し、青酸化合物の反応が出たことから、青酸中毒によるものと判断。
>
> しかし、症状が青酸中毒と合致しないという指摘を医療関係者から受け、警察庁の科学警察研究所が改めて調査して、亜ヒ酸の混入が判明した。
>
> カレーの入った鍋の中には、200g近くの亜ヒ酸が投入されており、ある試算によれば、1人当たり20～120mgの摂取量だったとされている。

(Wikipedia「和歌山毒物カレー事件」より一部改め引用)

この犯行で使われたのが、「亜ヒ酸」($LD_{50} = 10$ mg/kg)であると言われています。

「亜ヒ酸」は「ヒ素」の酸化物で、致死量は「青酸カリ」に匹敵するほどの猛毒です。

「亜ヒ酸」($As(OH)_3$)は次の化学反応より、「三酸化二ヒ素」(As_2O_3)を「水」(H_2O)と反応させることで生成します。

$$As_2O_3 + 3H_2O \rightarrow 2As(OH)_3$$

「ヒ素」は、古来より毒薬として使われてきた歴史があります。

「ヒ素」は、中世から近世のヨーロッパでは毒殺の常套手段であり、かのナポレオンも、「ヒ素」によって毒殺された可能性が指摘されています。

というのも、ナポレオンの毛髪には、通常の何十倍かの「ヒ素」が含まれていたからです。

この犯行で使われた「亜ヒ酸」は無味無臭で水に溶けやすいため、被害者に察知されることなく毒殺を可能にします。

昔は現在と違って検出手段がなかったため、料理や飲料などに混合されると、「ヒ素」を検出することは非常に困難になり、完全犯罪に近い犯行を可能にしました。

しかし、科学技術の発展とともに分析技術は発展し、現在では人体から容易に「ヒ素」の暴露量を測定できるようになりました。

また、「ヒ素中毒」はその痕跡が残り易いため、現代において毒殺用としての「ヒ素」は、「愚者の毒物」とも呼ばれています。

しかしながら、相手に気付かれにくいという点と入手の手軽さにおいて、「ヒ素」は毒物として非常に優れており、「青酸カリ」などよりも、よっぽど危険な毒物です。

*

よく映画やドラマなどで、紅茶に「青酸カリ」が入っていて、それに口を付けた瞬間即死するような描写がありますが、現実にはそんなことはありません。

即死するような量を紅茶に混ぜようなどと思ったら、それこそ致死量の何倍もの量を加えないといけないので、それだけ混ぜたら味も激的に変わって、すぐに露見してしまいます。

それに「青酸カリ」は潮解性があり、空気中では次の化学反応より「シアン化水素」(HCN)を放出しながら、徐々に「炭酸カリウム」(K_2CO_3)に変化していきます。

$$2KCN + CO_2 + H_2O \rightarrow K_2CO_3 + 2HCN$$

「青酸カリ」は無臭ですが、空気中では発生する「青酸ガス」により「アーモンド臭」がするので、匂いでもすぐに露見します。

さらに「炭酸カリウム」になると、毒性が極めて低くなってしまい、紅茶な

第6章 「毒」の科学

どに入れたら、砂糖やレモンとも反応するので、もはや「毒」ではなくなってしまいます。

「和歌山毒物カレー事件」では、捜査の最初は「青酸カリ」が疑われていましたが、そもそもカレーなどに混ぜたら、匂いで食べる前にすぐに露見してしまうでしょう。

また、仮に食べてしまっても、「青酸カリ」は強アルカリ性で苦味が強烈です。一口食べて、間違いなくカレーの異変に気付くはずです。

そういう意味で、「相手に気付かれにくい」という点では、「ヒ素」は恐ろしい毒物なのです。

*

「和歌山毒物カレー事件」は、犯人の林眞須美の逮捕によって、いったん終息しました。

その後、林眞須美は最高裁判所で死刑判決を受けましたが、現在でも事件への関与を否定して、和歌山地裁に再審請求をしています。

その理由は、立証がすべて状況から推測した「間接証拠」によっている点にあります。

つまり、林眞須美がヒ素をカレーに混入した犯行現場を目撃した証人や、本人の自供といった「直接証拠」がないのです。

現場や被害者の家が捜索され、「ヒ素」の入ったカレーを始め、さまざまなサンプルが鑑定にかけられました。

その結果分かったのは、被疑者が所持していたとみられるシロアリ駆除剤の「ヒ素」とカレーに混入していた「ヒ素」が、同質・同等のものであるということでした。

林眞須美の頭髪からは高濃度の「ヒ素」が検出され、「ヒ素」を扱っていたことが予想されます。

また、林眞須美だけが「ヒ素」を入れる機会があり、カレー鍋の蓋を開け閉めするなど不審な行動をしていたという「状況証拠」がありました。

これらを証拠に死刑判決が下っていますが、解釈によっては、別の犯人が林眞須美の所持していた「ヒ素」を使って、犯行に及んだことを否定できないのです。

*

ちなみに、「ヒ素」が毒になるメカニズムは、「ファンデルワールス半径」や

「電気陰性度」など、さまざまな点で「リン」と物性が似ているからです。

　「リン」はタンパク質や細胞膜、DNAなどを構成する重要な元素の1つで、人体に欠かせない元素です。
　「ヒ素」は「リン」の代わりに生体と相互作用し、また酵素タンパク質の「チオール基」($-SH$)と結合して、その機能を阻害することで、毒性を現わすと考えられています。
　このような毒性から、「ヒ素」は地球上のほぼすべての生物に対して毒性を現わします。

*

　2010年12月に「アメリカ航空宇宙局」(NASA)の宇宙生物学研究所が、「リンが不足した環境では、代謝系や細胞の構成要素をヒ素で代替しているバクテリアを発見した」と発表し、生物学において革命が起きたと大騒ぎになりました。
　しかし、あれも結局のところは勘違いだったという結論になりました。
　「ヒ素」が猛毒であるという事実は、今後も揺るがないことでしょう。

●トリカブト保険金殺人事件

　1986年5月19日、神谷力（当時51歳）とその妻は、新婚旅行で沖縄県那覇市に到着していた。翌日には、2人に誘われていた3人の妻の友人も、那覇空港で合流した。
　ところが、神谷は11時40分に「急用を思い出した」と大阪の自宅へ帰宅することになり、那覇空港に残った。
　妻と友人3人は、予定通り石垣空港行の飛行機に乗り、正午過ぎに石垣島へ到着した。石垣島に到着した一行はホテルに到着し、チェックインをしたが、突然妻が大量の発汗や悪寒、手足麻痺で苦しみだしたため、救急車で八重山病院へ搬送された。
　しかし、妻の容体は急速に悪化して、救急車内で心肺停止に陥り、直後に病院に到着するも、一度も正常な拍動に戻らず、15時4分に死亡した。
　解剖の結果、死因は急性心筋梗塞とされた。しかし、その後の医師の調査から、亡くなった妻の血液からトリカブトに含まれる有毒成分であるアコニチンが検出された。
　神谷は逮捕され、疑惑を追及されたが、妻が死亡したとき、自身は遠隔地にいたというアリバイを主張した。また、状況証拠は山ほど出てきたが確証はなく、さらに、死因であるアコニチンは即効性の毒物であることもあり、その死亡に至る時間があまりにも長く謎とされ、マスコミはこのトリックを暴こうと盛り上がった。
　後日、被害者の血液からフグ毒のテトロドトキシンが発見され、実験でこの2つを同時に服用すると、アコニチンの中毒作用が抑制され、拮抗作用が起こることが判明した。これにより、神谷のアリバイは崩れ、最高裁で無期懲役が確定した。

（Wikipedia「トリカブト保険金殺人事件」より一部改め引用）

第6章 「毒」の科学

　この犯行で使われたのが、「アコニチン」(LD_{50} = 0.3 mg/kg)と「テトロドトキシン」(LD_{50} = 0.01 mg/kg)という2種類の「アルカロイド」です。

　「**アルカロイド**」とは、分子の中に「窒素原子を含む天然由来の有機化合物」の総称です。
　アルカロイドは強い薬理活性をもつ物質が多く、「アセチルコリン」や「ノルアドレナリン」といった神経伝達に関わる物質もアルカロイドの仲間です。
　「モルヒネ」や「コカイン」などのドラッグもアルカロイドであり、アルカロイドの種類は現在分かっているだけでも、3万種類以上はあると言われています。
　強い薬理活性をもつとはいえ、使い方によっては医薬品として極めて有用なものも多く、植物由来の医薬品のほとんどは「アルカロイド」なのです。

＊

　この事件のトリックは、2種類の「アルカロイド」の毒が「拮抗」して、毒性を打ち消しあったために実現したものです。「アコニチン」と「テトロドトキシン」は、どちらも「神経毒性」があります。

　「アコニチン」は「ナトリウムチャネル」を活性化して、神経伝達を阻害することで毒性を現わすのに対し、「テトロドトキシン」は「ナトリウムチャネル」を遮断して、神経伝達を阻害することで毒性を現わすのです。
　このため、「アコニチン」と「テトロドトキシン」の両方を混合して服用すると、その両方の毒性がきれいに打ち消し合い、外見上、特に大きな変化は見られなくなるのです。

　しかし、「テトロドトキシン」の「生物学的半減期」(血中濃度が1/2になるまでの時間)は「アコニチン」より短いため、「テトロドトキシン」の効果が切れるや否や、「アコニチン」の強烈な毒作用が起こり、その結果、アリバイを作っておいて、「遅効性の即死」をもたらすことができるのです。

　しかし、実際のところ、「アコニチン」と「テトロドトキシン」の分量比によって、「アコニチン」の毒作用が発現する時間を遅らせることは、非常に難しいと考えられています。

　神谷は事件の2年前から自宅のアパートでマウスを集めて、動物実験を繰り返していたことが判明しているので、神谷はその分量比を、動物実験によっ

て割り出していたのかもしれません。

　警察が後日調査したところ、「アコニチン」3 mg/kgと「テトロドトキシン」1 mg/kgの配合比が、マウスでも事件と同様の遅行性致死時間を示すことが分かりました。
　しかし、「アコニチン」も「テトロドトキシン」も、素人が自宅で精製するのは不可能であり、含有量も怪しくなってくるので、この殺人事件が成功したこと自体が、奇跡のような出来事だったと言えます。

　神谷には過去に二人の妻がおり、いずれも若くして謎の心不全で亡くなっていたこと、また妻には受取人を自身にした1億8,500万円もの巨額の生命保険金がかけられていたことが、どうも不審であるとして、警察の捜査が進んだのでした。
　これが、もしも普通の殺人事件だったら、恐らく最初の心不全による死亡という所見で、捜査は終了していたでしょう。
　このように考えると、毒殺は怖いですね。

＊

　なお、フグがどのようにして「テトロドトキシン」を保持するのかについては、未だ解明されていない部分が多いです。

　ただ、「養殖のフグ」はほとんど毒をもっていないことから、「テトロドトキシン」は、フグが体内で合成する毒素でないことは確かです。
　フグは「テトロドトキシン」を含有する貝類を食べても中毒を起こさないことから、餌の巻貝などに含まれている「テトロドトキシン」を生物濃縮して、体内に蓄積させているという説もありました。
　しかし、毒の量が食べる貝の量と合わず、実際のところは、説明しきれていませんでした。

　しかし、最近では、フグの体内に住むある種の細菌が「テトロドトキシン」を生産していることが判明しました。
　というのは、毒のないはずの「養殖フグ」と「天然フグ」を同じ水槽で飼育すると、「養殖フグ」も毒をもつことがあるからです。
　これは、水槽内の「天然フグ」から、「養殖フグ」へ細菌が感染したためだと考えられています。

第6章 「毒」の科学

　この細菌は「シュワネラ・アルガ」と命名され、フグの体からも分離されました。この「シュワルツェネッガー」みたいな名前の細菌が、フグの体内で「テトロドトキシン」を生産していたのです。

　フグの体内で毒素を生産する細菌は20種類以上見つかっており、これからも発見が続くと思われます。

図59　猛毒をもつフグ(左)とトリカブト(右)

●埼玉県本庄市保険金殺人事件

> 　本庄市内で金融業を営む主犯が、自身の経営する飲食店のホステス3人に対して、常連客と偽装結婚の上で、保険金殺人を実行させた疑惑として報道される。
> 　前年に和歌山毒物カレー事件が発生して1年足らずの状況であったため、世間の注目は高く、主犯は疑惑発覚から逮捕までの約8ヶ月間、自分の店を会場に、記者1人に対して3,000〜6,000円の入店料を徴収する有料の記者会見を203回実施。
> 　自身の潔白を表明するとともに、雑談やホステスとのカラオケに興じ、およそ1,000万円を稼ぐという前代未聞の行動をした。逮捕が近付くにつれて参加者が増え、1999年12月以降は、ほぼ連日何処かしらの情報番組や夕刊紙・週刊誌で、途切れなく取り上げられる事態が続いた。
> 　状況証拠は限りなく黒に近かったが、当初は物証がなく、捜査は難航する。しかし、最終的にホステス3人の証言をきっかけに、主犯とホステス3人を、殺人罪や詐欺罪などで起訴し、4人の有罪判決が確定する。
> 　共犯者の自供から、被害者となった2人の男性には、長期に渡って酒と大量のアセトアミノフェンを飲ませていたことが明らかになった。

(Wikipedia「本庄保険金殺人事件」より一部改め引用)

　この犯行で使われたのが、「アセトアミノフェン」(LD_{50} = 300 mg/kg)と「エタノール」(LD_{50} = 8,000 mg/kg)です。

　「アセトアミノフェン」は、「アセチルサリチル酸」と同じく解熱鎮痛剤の一種です。

胃を刺激せず、興奮や眠気などの副作用がなく、さらに依存性や抵抗性および禁断症状に関する問題が完全にない、という利点をもつことから、医療現場では、「鎮痛剤」としてさまざまな用途で使われている薬物です。

　「エタノール」はアルコール飲料の主成分であり、中枢神経系を抑制する作用があるため、人に「酔い」という作用をもたらします。
　「エタノール」は早期には「抑制神経系」に対して抑制が働き、「β-エンドルフィン」を分泌させて興奮を助長し、人を気持ち良くさせます。
　しかし、飲み過ぎると、呼吸機能まで抑制してしまい、「急性アルコール中毒」などで人を死に至らせる恐れもあります。

　「エタノール」の致死量は8,000 mg/kgなので、体重60 kgの人なら480 gの「エタノール」で命を落とす可能性もあるわけです。
　これはビール大瓶7本、あるいはウィスキーをボトル1本飲めば、優に超えてしまう値です。
　もちろん、「エタノール」に対する耐性は個人差が大きいので、一概には言えませんが、大酒飲みにとっては、「エタノール」こそ地上最強の毒であるとも言えるのです。

　ただ、「アセトアミノフェン」にしても「エタノール」にしても、どちらも大量に摂取しない限り、人体に対して「毒」とはならない物質です。
　なぜ2つの物質を同時に飲ませただけで、人を死に至らせるような「毒性」を発揮したのでしょうか。
　これには、2つの物質の「代謝」の仕組みに答えがあります。

　「アセトアミノフェン」は経口摂取されると、大部分は肝臓で代謝され、無毒化されて尿中に排出されます。
　しかし、「アセトアミノフェン」の一部は、肝臓で「シトクロムP450」という酵素によって代謝され、毒性を有する「中間代謝産物」を生じさせるのです。
　「シトクロムP450」は肝臓においてさまざまな基質を酸化し、解毒を行なう酵素として知られています。このように異物代謝の過程で、毒性が一時的に増すことを「代謝的活性化」と言います。
　ただ、通常ならばこの「中間代謝産物」も、肝臓によって処理されるので、強い毒性を現わすことはほとんどありません。

第6章 「毒」の科学

　しかし、「エタノール」も一緒に摂取するということになれば、状況は変わってくるのです。

　「エタノール」は経口摂取されると、肝臓で代謝され、最終的には二酸化炭素と水にまで分解されます。
　「アセトアミノフェン」と「エタノール」を同時に摂取すると、肝臓の代謝の一部の機能が「エタノール」の処理に回され、毒性のあるアセトアミノフェンの「中間代謝産物」の処理が充分にできなくなってしまうのです。
　その結果、「中間代謝産物」の濃度がどんどんと大きくなり、「肝臓毒性」を現わすことになります。

　「アセトアミノフェン」は、投薬後6時間経っても40％しか排出されず、この排出効率の悪さも災いしました。

　さらに、この事件の場合は、被害者が大酒飲みでした。
　酒が強い人というのは、常習的に飲酒をしていることが多いので、肝臓の「シトクロムP450」が活性化していて、「エタノール」を分解する機能が優れていることが多いです。
　したがって、「アセトアミノフェン」を摂取したときも、普通の人よりも「シトクロムP450」によってアセトアミノフェンが代謝される割合が多くなり、毒性のある「中間代謝産物」が多く生じたとも考えられます。

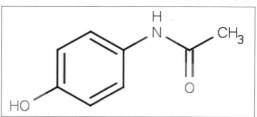

図60　「アセトアミノフェン」は代表的な解熱鎮痛剤である

●マルコフ暗殺事件

　1978年9月7日の夕刻、ロンドンにあるBBCの放送局に向かっていたブルガリア人の政治家ゲオルギー・マルコフは、国立劇場の側を歩いていたとき、右の太ももに鋭い痛みを覚えた。

　思わず振り向くと、見知らぬ男が傘を拾いながら謝罪をしていた。そのときは傘の先端が当たったものとマルコフは納得した。痛みは直ぐに消え、マルコフはそのまま放送局に到着し、その日の仕事を終えた。太ももの痛みのことなど、すでに忘れかけていた。

　ところが、翌日の明け方、激しい発熱のため、彼は起き上がれなくなった。症状は急激に悪化し、病院に運び込まれたときには、すでに白血球が異常に増加して、敗血症に陥っていた。そして、手の施しようがないまま、4日後にマルコフは息を引き取った。

　死因には不審な点が多く、遺体を調べた結果、マルコフの大腿部から直径わずか1.7mmの弾丸が発見された。そして、驚くべきことに、この弾丸には小穴が空いており、その内部からは毒物が検出されたのだった。分析によると、それはトウダイグサ科の植物であるトウゴマの種子から取れる猛毒タンパク質「リシン」であった。

　マルコフは、1969年に本国の共産政権に反対してイギリスへ亡命し、以降、BBCワールドサービスなどでアナウンサーとして働き、ブルガリアの政権を非難していた。

　この事件は、ブルガリアの共産党のトドル・ジフコフが、ソ連のユーリ・アンドロポフ書記長に依頼し、KGBの支援を取り付け、ブルガリア内務省のエージェントが行った犯行だと考えられている。

（Wikipedia「トドル・ジフコフ」より一部改め引用）

　この犯行に使われたのが、トウゴマの種子から取れる猛毒「リシン」です。

　トウゴマの種子は1cmほどの大きさで、これを圧搾して「ヒマシ油」がとれます。「ヒマシ油」は、石鹸や潤滑油、香水、ポマードなどの原料になります。
　その「ヒマシ油」を精製した際の残りかす(種子の皮)にわずかに付着しているのが、猛毒「リシン」です。

　「リシン」は「地上最強の毒」と言われる「ボツリヌストキシン」に匹敵するほどの猛毒であり、その人体における推定の最低致死量は、わずか0.03 mg/kgとされています。

　トウゴマの種子から取れる植物成分なので、うっかりすると「アルカロイド」だと思ってしまいがちですが、その実体は、分子量65,000という巨大な「タンパク質」なのです。

なお、「必須アミノ酸」の中にも「リシン」というアミノ酸がありますが、そちらは英語にすると「Lysine」で、毒のほうは「Ricin」です。日本語では区別しづらいですが、まったくの別物なので注意してください。

＊

リシン分子は「Aサブユニット」と「Bサブユニット」からなり、細胞内に入れないはずの巨大な分子でありながら、「エンドサイトーシス」という方法で細胞内に侵入します。

この「エンドサイトーシス」というのは、細胞表面の受容体にタンパク質が結合し、それを細胞が生きていくのに必要なタンパク質と勘違いして、細胞内に送り込んでしまうという、能動的な輸送のことです。

リシンは「Bサブユニット」を細胞表面の受容体に結合させ、「エンドサイトーシス」によって、「Aサブユニット」を細胞内に送り込みます。

この「Aサブユニット」が、細胞内で毒性を現わすわけです。

つまり、リシンは「毒作用を現わす部分」と、「細胞に侵入するための鍵に当たる部分」の2つをもっているのです。

リシンの「Aサブユニット」は細胞内に侵入すると、タンパク質を合成するための要となる「リボソーム」に対して毒性を現わします。

「リボソーム」は通常、「mRNA」（メッセンジャーRNA）の情報を読み取ってタンパク質を合成するのですが、リシンの「Aサブユニット」は、なんとその「mRNA」にそっくりなのです。

「そっくり」といっても、所詮は別の物質なので、「リシン」でタンパク質を合成できるはずもなく、結果的にタンパク質の合成を阻害することになり、身体中の至るところで「ネクローシス」を引き起こすわけです。

それ故に、「リシン」は即効性のある「神経毒」とは異なり、服用してから、毒作用が発現するまでに時間がかかります。

量や投与方法にもよりますが、死に至るまで、36時間から72時間ほどかかるとされています。

＊

「リシン」は酸や塩基に対しても安定であり、入手が容易であるため、「化

学兵器」として使われたこともあるぐらいです。

たとえば、2013年にはアメリカのオバマ大統領などに「リシン」が混入された封書が送られる事件が起こりました。

このときは、ホワイトハウス近くの郵便施設で発見され、未遂に終わり、容疑者は逮捕されました。

図61　トウゴマの種子

*

「リシン」が神経毒に匹敵するぐらいの強い急性毒性をもつ理由は、**アポトーシス**」を誘導するからであると言われています。

「アポトーシス」は、簡単に言えば「自殺プログラム」のようなものであり、通常は個体をより良い状態に保つために引き起こされるものです。

しかし、「リシン」は「アポトーシス」を暴走させ、関係のない細胞までどんどん「自殺」させるため、猛毒になると考えられています。

この「アポトーシス」に関しては、分かっていないことも多く、まだ発展途上な分野です。

このプログラムを解明できれば、ガン細胞を選択的に殺したり、体つきを変化させたり、老化を止めたりなど、いろいろなことができるようになるかもしれません。

第6章 「毒」の科学

●リトビネンコ・ポロニウム事件

> 2006年11月1日、ロシア連邦保安庁元中佐のアレクサンドル・リトビネンコは、プーチン政権に批判的な報道姿勢で知られたジャーナリストのアンナ・ポリトコフスカヤの射殺事件の真相を究明するために、イタリア人教授のマリオ・スカラメッラと名乗る人物と、ロンドンのピカデリーサーカス周辺の寿司屋で会食をしていた。
>
> しかし、会食後、彼は急激に体調が悪化し、病院に収容された。そして、面会相手のマリオ・スカラメッラは、「武器密輸」および「国家機密漏洩」の罪状で、イタリアのナポリの空港で逮捕された。リトビネンコは集中治療室に収容されていたが、11月23日に死亡した。
>
> 事件当初は、脱毛などの症状から、タリウムによる中毒であると思われていたが、彼の体内からウランの100億倍の比放射能を有する放射性物質のポロニウム210が大量に検出されたことから、一気に陰謀論が世界を圧巻した。
>
> ポロニウム210が体内に取り込まれた場合、放射線の一種であるα線を被曝することになる。大量のポロニウム210を人工的に作るには、原子力施設など大がかりな設備が必要とされる。
>
> 実際に入手運用しようとすれば、最低でも2,500万ドルはかかるだろうとされており、ロシア政府の関与が疑われたが、政府は「ロシア政府が関与するなどあり得ない。まったくばかげたことだ」と反駁した。

（Wikipedia「アレクサンドル・リトビネンコ」より一部改め引用）

この犯行で使用されたのが、原子番号84の「Po」の同位体である「ポロニウム210」です。「同位体」とは、陽子の数は同じだけれど、中性子の数が違う原子同士の関係のことです。

「ポロニウム」は、1898年にキュリー夫妻によって存在が確認されていた元素であり、キュリー夫人の祖国「ポーランド」にちなんで名付けられました。

「ポロニウム」は、天然では「ラドン222」の原子核崩壊で、ごくわずかにしか生じない稀少な金属です。

そして、「ポロニウム」には安定な同位体が存在せず、すべての同位体が「放射能」をもつ元素です。

その製造方法は、まず「ビスマス209」に中性子線を当てて、「ビスマス210」を作ります。そして、この「ビスマス210」が数日かけて「β崩壊」して、「ポロニウム210」となります。

製造には加速器や原子炉などの設備が必要不可欠であり、経費もかなり必要になるので、個人が入手運用するのはまず不可能です。

この「ポロニウム210」は、半減期が138日と長く安定しているため、「強放射性毒性」を生かした運用が可能になります。
　「ポロニウム210」は、その99％以上が「α崩壊」のみで崩壊し、「γ線」をほとんど放出しません。
　したがって、「ポロニウム210」を容器などに入れてしまえば、「γ線計測」で検出することは不可能であり、運搬者が被爆しない点でも、「放射性暗殺用」の薬物として適した特徴があります。

　たとえば、チューインガムの包み紙などに「ポロニウム210」を包んでもっていき、暗殺したい人間の飲み物か食べ物に混ぜればいいのです。
　ほんの少量でも「ポロニウム210」が体内に入ったら、もうおしまいです。
　「放射性被害」で怖いのは「内部被曝」であり、吸い込んで肺に入ったものや、食べて身体が吸収したものは、もう簡単には取り除けません。

　この「ポロニウム210」こそ、現在のところ人類が作ることのできる「最も有毒な物質」と言われ、その致死量はわずか0.000000007 mgとされています。
　「地上最強の毒物」である「ボツリヌストキシン」の致死量が0.0005 mg/kgで、体重60 kgの人の致死量に換算するとだいたい0.03 mgですから、「ポロニウム210」は桁違いに毒性が強いことが分かります。

　「地上最強の毒」というのは、実は「放射性同位体」（ラジオアイソトープ）であったというわけです。

6章参考文献

田中真知	「へんな毒すごい毒」技術評論社
船山信次	「毒の科学-毒と人間のかかわり-」ナツメ社
鈴木勉	「毒と薬【すべての毒は「薬」になる！？】」新星出版社
齊藤勝裕	「最強の「毒物」はどれだ？」技術評論社
枝川義邦	「身近なクスリの効くしくみ」技術評論社
薬理凶室	「アリエナイ理科ノ教科書」三才ブックス
薬理凶室	「アリエナイ理科ノ教科書Ⅲ C」三才ブックス
薬理凶室	「アリエナイ理科」三才ブックス
深井良祐	「なぜ、あなたの薬は効かないのか？」光文社
左巻健男	「面白くて眠れなくなる化学」PHP研究所
竹内薫	「怖くて眠れなくなる科学」PHP研究所

第7章
「薬物乱用」の科学

- ■「報酬系」と「ドラッグ」の関係
- ■「脳」を護(まも)る「血液 脳関門」
- ■「ドラッグ」の王様「ヘロイン」
- ■「薬物」に「依存」する理由
- ■精神依存
- ■「精神依存」の「心理学的」要因
- ■「精神依存」の「生理学的」要因
- ■身体依存
- ■タバコは「危険ドラッグ」なのか
- ■「麻薬系」の「ドラッグ」の分類
- ■「大麻」は「タバコ」より安全?
- ■「戦時中」の「日本」を支えた「覚醒剤」
- ■「アヘン戦争」を引き起こしたドラッグ
- ■「コカ・コーラ」には「コカイン」が入っている?
- ■「ビートルズ」も愛したLSD

「薬物乱用」の科学

> 人間のさまざまな活動には、脳内で分泌される「ドーパミン」という物質が深く関わっています。
> 覚醒剤やヘロインなどの「ドラッグ」は、この「ドーパミン」の働きを無理矢理強めてるため、「薬物依存」に至ってしまうのです。
> この章では、「薬物乱用」を科学していきます。

■「報酬系」と「ドラッグ」の関係

人は、何のために生きていると思いますか？
人はなぜ死にたくないと思うのですか？

これは哲学的な問題であり、答えを出すのは簡単ではありません。
しかし、あえて答えを出すなら、人は「自身の欲求が満たされたとき、幸福を感じるから」生きていると言えます。

アメリカの心理学者であるアブラハム・マズローは、「人間は自己実現に向かって絶えず成長する生きもの」と仮定し、人の「欲求」を次のように5段階の階層で理論化しました。

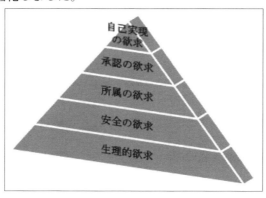

図62　マズローの「欲求段階説」

このピラミッド型の階層は、「マズローの欲求段階説」と呼ばれています。

マズローによると、人の欲求は「5種類の欲求」に分類できます。そして、「生理的欲求」を最も低次の欲求として、人は「自己実現の欲求」の達成に向かって、生きているのだというのです。

　「生理的欲求」はいわゆる「本能の欲求」であり、生命維持のための、「食事」「睡眠」「排泄」などの欲求がこれにあたります。
　それに対して、「自己実現の欲求」は最も高次な欲求で、「自分のもつ能力や可能性を最大限発揮し、具現化して自分がなり得るものにならなければならない」という欲求がこれにあたります。

　つまり、人間という生きものは、絶えず「欲求」の達成を行動の動機付けとして生きているのです。

＊

　マズローの考え方は、「生きる」ということを「心理学的」に解釈するものです。
　しかしながら、これを敢えて「生理学的」に解釈するなら、「生きる」ということは、「脳の報酬系を活性化すること」だと言えます。

　「**報酬系**」は、中脳の腹側被蓋野から大脳皮質に投射する神経系のことで、この中枢を特に「**A10神経系**」と言います。
　「A10神経系」は人の快楽を司る神経系であり、この神経系が刺激されると、人は「多幸感」を感じるのです。

　たとえば、動物実験において、ネズミの中脳に電極を挿入し、その個体がボタンを押すと、電流が流れて脳に電気刺激が生じる装置を作ったとします。
　すると、ほとんど睡眠不足の状態で、とめどなくボタンを押し続ける、という実験報告もあるぐらいです。

　つまり、「人はなぜ生きるのか」という問に対して、「生理学的」に答えるとするなら、「人は欲求が満たされると報酬系が活性化し、多幸感を感じるから」生きるのだということができます。

＊

　この報酬系の「A10神経系」に深く関与していると言われている物質は、「**ドーパミン**」という神経伝達物質です。
　「ドーパミン」は、脳内で運動調整やホルモン調整、快楽、意欲、学習など

に関わる神経伝達物質です。
　「報酬系」に作用することから、「ドーパミン」は行動の動機付けをする物質であると言われています。

　よく「やる気がないのはドーパミンが足りないからだ」と言われることがあります。しかし、これはあながち間違いではありません。
　実際に「鬱病患者」の脳内では、「報酬系」が充分に機能しておらず、「ドーパミン」が充分に働いていないことが指摘されています。

　「覚醒剤」や「麻薬」のようなドラッグがなぜ乱用されるのかというと、これらの「ドラッグ」は、脳内の「報酬系」に対して、「ドーパミン」の遊離を直接促進し、強制的に「多幸感」を感じさせるからです。

　つまり、「ドラッグ」を使えば、なんの行動や努力をしなくても、「欲求」が満たされたときのように「ドーパミン」が分泌され、「多幸感」を生じて、気持ち良くなれるのです。
　人が「生きる理由」としているのが「報酬系」の働きですから、「報酬系」に強く作用するドラッグは、強い依存を生み出し、そのために薬物を乱用する人が後を絶たないわけです。

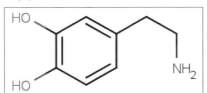

図63　「ドーパミン」は脳内の「報酬系」に深く関わっている

■「脳」を護る「血液脳関門」

　「ドラッグ」を摂取したとき、その効果は「脳内」の報酬系に作用したときに初めて現われます。
　つまり、「ドラッグ」を摂取しても、作用点である「脳」に到達しなければ、効果が期待できないということです。

　「ドラッグ」は化学物質であり、身体にとっては「異物」です。
　「生体異物」は身体にとって「毒」として働く恐れもあるので、「脳」はこのよ

うな「生体異物」から自身を護る「障壁」をもっているのです。

この「障壁」は「**血液脳関門**」と呼ばれ、血液と脳の組織液との間の物質の移動を制限する、「関所」のようなものです。

「血液脳関門」は、英語の「Blood－Brain Barrier」の頭文字を取って「BBB」とも呼ばれ、「生体異物」は脳内に侵入しようと思っても、この「血液脳関門」に阻まれて、跳ね返されてしまうのです。

しかし、中には、この「血液脳関門」を突破してしまう生体異物もあります。これは、一般的に低分子で脂溶性の物質が多いです。

その理由は、脳の神経細胞が油に溶けやすい脂溶性の「リン脂質」で出来ており、「血液脳関門」が細胞の間隔が極めて狭いことによる、物理的な障壁であるためです。

脳の神経に対して「神経毒性」を現わす生体異物は、この「血液脳関門」を突破してしまうので、猛毒となります。

他に「血液脳関門」を突破できる物質としては、タバコに含まれる「ニコチン」や酒に含まれる「エタノール」、コーヒーに含まれる「カフェイン」、脳のエネルギー源となる「グルコース」などがあります。

このように、「血液脳関門」を通過できる化学物質だけが、脳の細胞と相互作用できるわけです。

*

ところで、「内分泌かく乱物質」（環境ホルモン）などの「脳」への影響が取りざたされていますが、実は、「内分泌かく乱物質」は「血液脳関門」を通過しないので、問題はないと言われています。

しかし、胎児や乳幼児のように、まだ「血液脳関門」が充分に出来上がっていない時期では、簡単に脳内に侵入し、「神経系」に対して不都合な効果を示してしまうことが知られています。

このように、発達に伴って防御機構が出来上がる過程で、外界からの「異物」が入り込むことによって起こる不具合には、注意を要します。

■ドラッグの王様「ヘロイン」

「ドラッグ」が「血液脳関門」を通過できるかというと、わずかながら突破できることが分かっています。

たとえば、麻薬の一種である「モルヒネ」は、脳内に侵入して、中枢神経に対して、抑制・鎮静作用をもたらす効果があることで知られています。

「モルヒネ」の「血液脳関門」の通過率はわずか2%ほどと言われています。このたった2%の「モルヒネ」が、脳内の「報酬系」に対して強烈に作用し、人に「快楽」を生じさせ、薬物乱用を生み出しているのです。

*

次の図64に「モルヒネ」の構造式を示します。

モルヒネの構造式を見ると、モルヒネが油に溶けやすい「脂溶性」の物質であることがよく分かります。

一般的に「ヒドロキシ基」($-OH$)などの親水基1個当たりに対して、「炭素原子」3個ぐらいまでなら、水に溶ける力のほうが強いと言われます。

モルヒネは「親水基」の数に対して、「炭素原子」の数が圧倒的に多いので、「水には溶けにくい構造」であることが推測できます。

しかしながら、モルヒネには親水基である「ヒドロキシ基」($-OH$)が2個あり、その部分で水分子と「水素結合」を形成することができるため、分子の「脂溶性」を若干低下させていることも分かります。

そのため、モルヒネの「血液脳関門」の通過率は、わずか2%と低くなっているのです。

それでは、「モルヒネ」の構造を少し変えて、分子の「脂溶性」を向上させたらどうなるのでしょうか。

このようにして、「モルヒネ」に無水酢酸などを反応させ、ヒドロキシ基を「アセチル化」して、「脂溶性」を大幅に向上させたドラッグが、「ドラッグの王様」たる「ヘロイン」なのです。

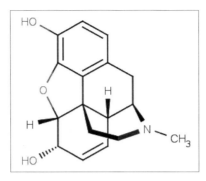

図64 「モルヒネ」の構造式

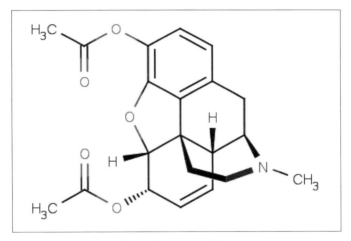

図65 「ヘロイン」の構造式

　「ヘロイン」の構造式を見ると、「ヒドロキシ基」(-OH)の「水素原子」部分が「アセチル基」(-COCH$_3$)に置き換わったものになっており、「水素結合」が出来なくなっています。

　そのため、「ヘロイン」の脂溶性は「モルヒネ」のそれをはるかに上回り、「血液脳関門」の通過率は、「モルヒネ」のなんと約30倍の65％になるとも言われています。

　「ヘロイン」の薬理活性は「モルヒネ」よりもはるかに強力で、摂取量によっては、激しい中毒症状を引き起こして、昏睡状態に陥ったり、ショック死し

たりすることもあります。

　しかしながら、もともと「ヘロイン」は、1898年にドイツのバイエル社によって、鎮咳薬として発売された薬物でした。
　そのときの「ヘロイン」の売り文句は、現在のイメージとはまったく異なったもので、

> 「すべてのアヘンやモルヒネ、コデインその他薬剤よりも優れており、その**毒性**が少ない」

というものでした。

　「ヘロイン」が合成された当初は、「モルヒネ」よりも毒性が少なく、安全なものと考えられていたのです。

　ところが、いざ「ヘロイン」の注射器による乱用が始まると、「血液脳関門」の通過率が65％という高い脂溶性のために、桁違いの量が脳に取り込まれ、強烈な麻薬作用を引き起こすことが判明しました。

　そのため、現在では、「ヘロイン」が鎮咳薬として使われることは一切なく、「ヘロイン」の製造や販売は、ともに各国で法的に禁じられています。
　これが「ドラッグの王様」と「ヘロイン」が呼ばれる所以なのです。

■「薬物」に「依存」する理由

　「覚醒剤や麻薬などの薬物は依存性があって危険だ」というのは、誰でも知っていることです。

　ところが、「なぜ薬物は依存を形成するのか」と問われると、答えられない人が多いのではないでしょうか。

　「依存」について考えるには、「心理学」と「生理学」の両方をよく理解していないと、答えることができません。
　すなわち、「依存」には大きく「精神依存」と「身体依存」の2種類があるのです。

表66 「薬物」に対する「依存」

精神依存	身体依存
使用のコントロールができなくなる症状。	使用を中止すると禁断症状が現われる。

■精神依存

「精神依存」とは、薬物の使用を中止すると、「精神的離脱症状」として、不安感や焦燥感などを生じて、使用のコントロールができなくなる症状です。

何もこれは「薬物」だけには当てはまらず、「タバコ」や「アルコール」「ギャンブル」などの依存症にも当てはまることです。

この「精神依存」は、大きくは「心理学的」な要因によって説明できますが、その背景には、「生理学的要因」も深く関与しています。

「心理学的」には、次のように「依存」を形成すると考えられています。

■「精神依存」の「心理学的」要因

「心理学的」な依存について考えると、「依存」とは、すなわち「その行動を強化し、対象行動の頻度を増加させるもの」だと言えます。

*

行動を「強化」するのには、大きく分けて次の2通りの方法があります。
①刺激を与えて行動を「強化」する
②刺激を取り除いて行動を「強化」する

心理学では①を「正の強化」と言い、②を「負の強化」と言います。

「薬物依存症」の場合、条件付け刺激は「薬物の摂取による快楽」ということになるので、依存の形成は「正の強化」によるものだと言えます。

「正の強化」とは、刺激の出現によって行動の頻度が増加することです。
これを「薬物依存症」の場合に言い換えると、「薬物の摂取によって報酬系が活性化し、快楽や多幸感を生じて、再び薬物を摂取するようになること」ということになります。

「薬物」は摂取すると、「快楽」や「多幸感」を感じるので、行動を「強化」するようになり、その結果、強い依存を形成するのです。

＊

また、このタイプの依存には、「アルコール」や「ギャンブル」などの依存症も含まれます。

特に「ギャンブル」の場合は、依存を形成する過程が少し特殊で、「刺激の後に必ず報酬が与えられる」とは限りません。すなわち、「ギャンブル」では「勝つときもあれば、負けるときもある」ということです。

人は「ギャンブル」のように、「報酬が与えられる頻度が少ない」状況で身に付けた反応ほど、その反応に強く依存するという心理傾向があります。これを「**間歇強化**(かんけつきょうか)」と言います。

報酬が定期的にもらえる反応よりも、不定期的にもらえる反応のほうが、依存性をむしろ強くするのです。

この理由は、定期的にもらえる報酬よりも、不定期的にもらえる報酬のほうが、その報酬の価値が相対的に高くなるからだと考えられます。

不定期的にもらえる報酬はその価値が高いので、その報酬がもらえたときに、脳内の「報酬系」で「ドーパミン」が過剰に分泌されるわけです。

「間歇強化」は、ギャンブルの他に「ドメスティック・バイオレンス」などにも当てはまります。

小さい子供が母親に酷い虐待を受けても、母親から決して離れようとしないのは、母親からたまに与えられる「優しさ」が、強く「報酬系」に作用するからだと思われます。

「たまに優しくしてくれるから」とよく暴力を受ける人は言いますが、これは、まさにその「優しさ」に依存しているのだと考えられます。

＊

「**負の強化**」とは、刺激の消去によって行動の頻度が増加することです。

これは、依存症形成の初期段階には大きく関与しないと考えられます。

なぜなら、ここでいう「刺激」は、その人にとって「嫌なもの」であることが多いからです。

たとえば、「目薬を使うと目の疲れが取れるので、目薬を愛用している」という事例は、「負の強化」にあたります。

この例では、「目の疲れ」が「嫌なもの」です。「目薬依存症」という人が周りにあまりいないように（症例としては若干報告されています）、「負の強化」というのは、依存を形成するのには少し弱いのです。
　「嫌なことを忘れるために薬物を使う」という人も中にはいると思いますが、依存症の形成段階においては、「正の強化」の影響のほうが大きいと思われます。

　しかし、依存症が形成された後では、「負の強化」が依存に影響を及ぼすことも考えられます。
　たとえば、薬物依存症になった人は、「ドラッグ」が切れると、不安感やイライラ感が生じることがあります。
　この不安感やイライラ感は、「ドラッグ」を再び摂取すると消失するため、薬物への「依存」がより強固になるのです。

　この段階まで依存が深まると、「薬物依存症」の人は、ドラッグで「快感を得るため」というよりも、「不快感を取り除くため」にドラッグを摂取することになってしまいます。

■「精神依存」の「生理学的」要因

　「精神依存」の背景には、「生理学的要因」も深く関与しています。

　生理学的に依存を考えたとき、「依存」の形成は、「報酬系」の働きと「耐性」の獲得によって説明できます。

　「薬物依存症」の場合、多くの薬物は脳内報酬系の「A10神経系」に作用して、「ドーパミン」の遊離を促進することで知られています。
　「報酬系」における「ドーパミン」の遊離は、人に「快楽」や「多幸感」をもたらすので、これが心理学で言う条件付け刺激となって、薬物摂取行動を「強化」するのです。

　また、他の依存症についても、薬物依存と同様に、「ドーパミン」を介したメカニズムで「報酬系」に作用して快楽が生じ、「依存」が形成されることが分かっています。

＊

　しかし、これだけは「薬物依存症」における強い依存を説明することはでき

ません。
　薬物依存症の形成は、「**耐性**」の獲得が大きく影響を与えているのです。

　人体にとって薬物は「生体異物」なので、人間の身体には、過剰に摂取された「生体異物」から、自身を護(まも)るメカニズムが備わっています。これが「耐性」です。
　「耐性」とは、薬物に対する抵抗性が出来ることです。要するに、「耐性」を獲得すると、「薬物が身体に効きにくくなる」ということです。

　「薬物依存症」の人は、依存が深まるにつれて、薬物の摂取量が増加していく、ということは有名な話ですが、これには「耐性」の獲得が関わっているのです。

　また、「耐性」はなにも「覚醒剤」や「麻薬」などのドラッグだけの話ではありません。
　「アルコール」や「タバコ」「風邪薬」「頭痛薬」など、人体にとっての「異物」ならば、何でも「耐性」を獲得する可能性があります。

　したがって、「耐性」を形成するものは、「依存症」の危険性があるので、注意しなければならないのです。

　人体が「耐性」を形成する仕組みには、主に2つのパターンがあると考えられています。

(A)「受容体」の数が変わること。
(B) 肝臓で「酵素」などの生産が誘導されること。

　「**受容体**」とは、「化学物質」を受けて信号を中継する物質のことで、「薬物」などは、脳内でこの「受容体」に結合することで、効果を発揮します。

　たとえば、脳内で薬物の「受容体」が減少すると、薬物がたくさん脳内に侵入してきても、効果を発揮できる薬物分子が少なくなってしまいます。
　このように「受容体」が減ることを「**ダウン・レギュレーション**」と言い、薬物の「受容体」が「ダウン・レギュレーション」することで、薬物が徐々に効きにくくなっていくのです。

「精神依存」の「生理学的」要因

　また、「耐性」は、肝臓で「酵素」などの生産が誘導されることでも獲得します。
　「生体異物」は経口摂取で体内に入ると、まずは肝臓で「酵素」の攻撃を受けて、「毒性」が弱められてしまいます。
　これも「生体異物」から自身を護(まも)るメカニズムの1つです。このように、「肝臓」は「ファイアーウォール」のような役割をしています。
　「生体異物」が過剰に体内に侵入してくると、身体は「耐性」を獲得して、「酵素」の生産が活性化し、解毒作用が強められるのです。

　「アルコール」などは、「飲めば飲むほど強くなる」とよく言います。
　これは簡単に言えば、「アルコール」に対して「耐性」を獲得して、肝臓の「酵素」が活性化しているからです。
　特に「アルコール依存症」の人などは、「酵素」の生産がかなり誘導されているので、いくら飲んでも酔えなくなっていると言います。

　ただし、「生体異物」が肝臓の解毒を受けるのは、「経口摂取」したときのみです。「注射」や「肺」からの摂取だと、肝臓で解毒されません。
　覚醒剤や麻薬などは「注射」で摂取することが多いので、肝臓の「初回通過効果」を受けず、「毒性」が強く現われるわけです。

　「薬物」は投与を続けると、このように「受容体」の数が変わったり、「酵素」の生産が誘導されたりして、「耐性」を獲得するに至ります。
　その結果として、「薬物」が効きにくくなり、徐々に摂取量が増えていくのです。

　この頃になると、もう「依存症」になっている場合が多いです。
　すなわち、薬物依存症において「耐性」を獲得し、ドーパミン受容体が「ダウン・レギュレーション」しているということは、「ドーパミン系の神経伝達が低下している」ということです。
　この状態では、もはや神経細胞は、組織的にも機能的にも変質しており、「薬物」なしでは正常な状態が保てなくなっています。

　この結果、「薬物」なしでは不安感やイライラ感などの「禁断症状」が生じ、「薬物」を摂取したくてどうしようもないという状態に陥って、「薬物依存」が強化されるのです。

■身体依存

「薬物」における「依存」は、「身体依存」を伴うものと伴わないものがあります。

たとえば、「コカイン」や「覚醒剤」は、「身体依存」を形成しません。
その一方で、「モルヒネ」や「ヘロイン」は、「身体依存」を形成することで知られています。
傾向としては、身体依存は「中枢神経を抑制する薬物」に多く見られる依存症です。

「身体依存症」は簡単に言えば、摂取を中断すると、手足の震えや激痛などが生じ、「薬物なしでは正常な状態を保てなくなる状態」のことです。

つまり、「身体依存」の形成も、「耐性」の獲得に大きく影響を受けるのです。

表67 「薬物の依存性」の評価

薬 物	多幸感	精神依存	身体依存	平 均
ヘロイン	3.0	3.0	2.9	3.0
コカイン	3.0	2.8	1.3	2.37
タバコ	2.3	2.6	3.0	2.23
アルコール	2.3	1.9	1.6	1.93
覚醒剤	2.0	1.9	1.1	1.67
大麻	1.9	1.7	0.8	1.47
LSD	2.2	1.1	0.3	1.23

表67に「薬物の依存性」の評価を示しました。
代表的な7種類の薬物について、0~3の範囲で、「身体依存」「精神依存」「多幸感」の平均スコア尺度を示してあります。

「ヘロイン」の「禁断症状」は、薬物の中でも特に強烈であることが知られており、その痛みに耐え兼ねて、自殺してしまう人もいるぐらいです。

■「タバコ」は「危険ドラッグ」なのか

「タバコ」は世界中で愛用されている嗜好品ですが、なぜ人をそれほどまでに魅了するのでしょうか。

日本では、年々喫煙者への世評が厳しくなってきており、喫煙者は世間でとても肩身の狭い思いをしています。

しかし、それでも「タバコ」を止めようという人はあまり多くありません。「タバコには依存性がある」とはよく言いますが、この依存性は、「タバコ」に含まれる「ニコチン」という化学物質が作り出しています。

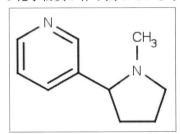

図68　「ニコチン」は「タバコ」の葉に含まれる「アルカロイド」である

＊

「タバコ」はコロンブスによってヨーロッパに紹介され、初めは「薬」として広まりました。

しかし、後年では、人体への有害性が主張され、「毒」として捉えられるようになるのです。

歴史的にも、ルイ十四世やヒトラーなどの独裁者が、「タバコ」を弾圧して、廃絶しようとしていますが、いずれも失敗に終わっています。

＊

「ニコチン」はアルカロイドの一種であり、構造式を見ても、「ニコチン」が「脂溶性」であることは分かると思います。

そのため、「ニコチン」は「血液脳関門」を通過しやすいのです。

しかも、「タバコ」は、煙を吸う嗜好品であり、肺から「ニコチン」を摂取するため、肝臓による「解毒作用」を一切受けません。

「タバコ」の毒性が強いと言われるのは、この摂取方法にも原因があります。

「血液脳関門」を通過して、脳内に侵入した「ニコチン」は、脳内で「アセチ

ルコリン」という神経伝達物質の「受容体」に作用を及ぼします。

「ニコチン」の分子構造はアセチルコチンと類似しているため、「ニコチン」がアセチルコリンの代役、すなわち「アゴニスト」となることができるのです。

このように「ニコチン」が作用する受容体を、「ニコチン性アセチルコリン受容体」と言います。

タバコの「ニコチン」は、脳内で「ニコチン性アセチルコリン受容体」に結合し、報酬系の「A10神経系」において、「ドーパミン」の遊離を促進する作用があります。

このようにして「報酬系」が刺激されると、人は「多幸感」や「快楽」を感じて気分が良くなり、これが条件付け刺激となって、「ニコチン依存症」を形成するに至るのです。

また、「ニコチン依存症」の人は、過剰なニコチンによって「耐性」を獲得し、脳内の「アセチルコリン受容体」が「ダウン・レギュレーション」していると考えられます。

そのため、喫煙者は「ニコチン」を外部から常に摂取していないと、神経伝達が低下した状態となってしまうため、普段からイライラしたり、手足が震えたりするのです。

これが、いわゆる「精神依存」だとか「身体依存」だとかいうものです。

「アセチルコリン受容体」は、タバコを止めて1ヶ月ぐらいしないと、元の数には回復しないと言われています。

*

「ニコチン」の精神依存は、「コカイン」と同程度とまで言われています。

肉体的にも精神的にも、相当な依存性を発揮する、正真正銘の「ドラッグ」です。

さらに、タバコには「ニコチン」の他に「タール」という有毒成分が含まれており、煙と一緒に喉や気管の粘膜から吸収され、ガンを引き起こすことが指摘されています。

また、「タバコ」の煙に含まれる「一酸化炭素」は、血液中の酸素不足を引き起こし、循環器系に負担を与えます。

まさに、タバコは、「百害あって一利なし」なのです。

英国王立内科医学会の調査結果によれば、「タバコ1本」につき5分30秒だ

け寿命が短くなり、喫煙が原因で死亡する確率は、他殺によって死亡する確率の約700倍もあるそうです。
　これは交通事故や化学物質の害など、あらゆるリスクと比べても、ダントツの危険度です。

　近年、「タバコ」の害で注目されているのは、「慢性閉塞性肺疾患」(COPD)です。
　これは、ほぼ喫煙者のみに発症する病気であり、肺胞が徐々に破壊されて、呼吸が困難になっていくという病気です。「死よりも恐ろしい病気」と言われ、「タバコ」による害の中でも、最も恐るべきものの1つです。
　この病気は、日本ではあまり知られていませんが、「WHO」(世界保健機関)の試算では、2012年で死因の6%を占め、2030年までに世界の死因の第4位になるだろうと予測しています。

　また、よくタバコを吸う人は、「タバコを吸うと頭がスッキリする」と言いますが、これはニコチン不足によるイライラなどの「禁断症状」を、ニコチンで一時的に緩和しているにすぎません。
　それ故に、再び「ニコチン」が切れると、イライラなどが止まらなくなるのです。

　現在、「タバコ」は世界中で徐々に規制の方向に向かっています。
　従来「毒」と見なされていたものが、「薬」として使用されるようになった例は多いですが、その逆は意外と少ないです。
　「タバコ」は当初は「薬」と見なされ、その後に「毒」が喧伝されるようになった、まれな例の1つです。

■「麻薬系」のドラッグの分類

　病から人を救う一方で、人を死に追いやることもある「ドラッグ」は、法律によって厳しく管理されています。

　医薬品は「医薬品、医療機器等の品質、有効性及び安全性の確保等に関する法律」(旧薬事法)によって、毒物は「毒物及び劇物取締法」によって規制されています。
　「毒物」や「劇物」の取り扱いについては、「毒劇物取扱責任者」として、「薬

剤師」などの資格者が従事しなければなりません。

「麻薬系のドラッグ」を取り締まる法律には、「大麻取締法」「覚醒剤取締法」「麻薬及び向精神薬取締法」「あへん法」があり、それぞれが異なった「ドラッグ」を取り締まっています。

また、いわゆる「シンナー遊び」に使われ、「麻薬」に類似する中毒性をもつ「トルエン」などの「有機溶剤」は「毒劇物」に指定され、これらの法律とは別に規制されています。

次の表69で示した「ドラッグ」は、いずれも著しい薬理活性をもちます。

ただ、「ドラッグ」に関する日本の法体系は、科学的根拠に基づいたものではありません。そのため、「覚醒剤」や「大麻」「アヘン」などは、法的には「麻薬」と別々に扱われています。

以前は「大麻」も麻薬に含まれていたことがありましたが、その繊維や種子は、布など特定の産業で、材料として利用されます。
この場合は、免許制でその栽培を許可するため、「大麻」は麻薬から除外して、「大麻取締法」で規制されることになったのです。

*

2014年11月に現法名に改称された「旧薬事法」は、最近急速に問題となっている「脱法ハーブ」などの「危険ドラッグ」を取り締まるため、相次いで改正されています。

法に触れないものの、危険性があると判断される薬物は、2006年以降に「指定薬物」とされ、2011年段階で68種類の物質が指定されていました。

しかし、規制が強化されるたびに化学構造の一部を改変して、合法化された新しい化合物が登場してきます。
これに対して厚生労働省は、2013年から類似する基本骨格をもつ物質群をまとめて規制対象に指定する「骨格規制」を導入したのです。

次の図70は「骨格規制」の一例です。
側鎖である「R1~R5」には、「メチル基」($-CH_3$)や「エチル基」($-C_2H_5$)などが入り、類似の骨格を規制することで、さまざまな分子構造をもつ薬物を、

一括して指定対象とすることができます。
　こうして、将来的に現われるであろう薬物を先取りして、規制しているのです。

　さらに2014年には、厚生労働省と警察庁が「脱法ハーブ」などの名称を「危険ドラッグ」に改め、さらなる規制強化に乗り出しました。

　これに伴い「指定薬物」も増え、2015年には約1,400種類の物質が指定対象となっています。「指定薬物」は製造および販売、輸入、所持、使用、譲受が禁止されています。
　たとえば、インターネット上で「指定薬物」を販売しようとして、「薬物売ります」と書き込むだけで、逮捕されるほどに規制は強化されました。

　しかしながら、規制強化と新たな危険ドラッグとのイタチごっこはやはり続いています。
　その結果、海外でも使われたことのない化合物が日本に入ってくるなど、新たな問題も起こっています。

表69　「麻薬系」のドラッグの分類

分類	種類	症状	法律
大麻	・マリファナ ・ハシシュ	感覚が鋭敏になり知覚異常、幻覚作用が起こる。 依存性は少ないと言われている。	大麻取締法
覚醒剤	・アンフェタミン ・メタンフェタミン	疲労感がなくなり、眠気を感じなくなる。幻覚妄想が現われ、摂取を中止しても後遺症が残る例がある。	覚醒剤取締法
麻薬	・アヘン系 （モルヒネ、ヘロイン、コデインなど） ・コカ系 （コカインなど） ・合成麻薬 （LSD、MDMAなど）	（アヘン系） 精神の高揚、恍惚感、想像力の向上などが起こる。禁断症状が凄まじい。 （コカ系） 精神の高揚、疲労感の消失が起こる。身体依存は少ないと言われている。 （LSD） 「サイケデリック体験」と言われる恍惚状態、幻覚、幻視が現われる。依存性は少ない。	麻薬及び向精神薬取締法
アヘン	・アヘン	陶酔感を感じる。禁断症状が凄まじい。	あへん法

（宇野文博「図解中毒マニュアル」より一部改め引用）

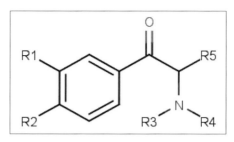

図70 類似の「ドラッグ」を一括して指定対象にできる「骨格規制」

■「大麻」は「タバコ」より安全？

「大麻」はアサ族アサ科の一年草で、もともとは中央アジアや中東が原産とされています。

その繊維はとても丈夫で、衣服からバッグやロープの原料として利用されてきました。また、「大麻」の実は食用にもなり、七味唐辛子には「麻の実」として含まれています。

このように、「大麻」は昔から人々に愛され利用されてきたのです。

ところが、その葉や花穂には、「陶酔成分」が含まれており、このような目的でも、古くから「幻覚剤」として用いられてきた歴史があるのです。

たとえば、ヘロドトスはその著『歴史』にて、「大麻を使った蒸し風呂」を楽しむ人々がいたと記しています。

一般的に「大麻」の葉を乾燥させたものを「マリファナ」と呼び、「大麻」の花穂から採れる樹液を固めて樹脂にしたものを「ハシシュ」と呼びます。

「マリファナ」は幻覚剤しての「大麻」の最も一般的な加工方法であり、「大麻」といったら「マリファナ」のイメージのほうが強いかもしれません。

*

ほとんどの幻覚性植物の成分は「アルカロイド」ですが、「大麻」の幻覚作用は「アルカロイド」ではありません。その有効成分は、「テトラヒドロカンナビノール」(THC)と呼ばれる化学物質です。

「THC」は脳内の海馬や小脳などに作用して、視覚や聴覚の鋭敏化、時間や空間の感覚の変化などの幻覚作用をもたらします。

さらに、「THC」は脳内の「報酬系」にも作用し、「ドーパミン」の遊離を促

進して、多幸感や快楽を生じさせることも分かっています。

「THC」が報酬系に作用する仕組みは、「モルヒネ」や「ヘロイン」などのアヘン系と同じで、中枢神経を「抑制」するためです。
しかし、なぜ中枢神経を「抑制」すると、報酬系が「興奮」するのかという疑問が生じるかもしれません。

これは、「THC」などの化学物質が、脳内の「γ-アミノ酪酸(GABA)受容体」の「アンタゴニスト」として作用して、「GABA」の働きを抑制するからだと考えられています。

通常、A10神経系では、「ドーパミン」が遊離しすぎて、脳が興奮状態にならないように「抑制」を受けているのですが、「ドーパミン遊離」を「抑制」する働きをしているのが、「GABA」なのです。
「THC」などの化学物質は、「GABA受容体」に作用して、「GABA」の働きを抑制します。

その結果として、「GABA」による「抑制」のタガが外れることになり、「A10神経系」で「ドーパミン」の遊離が促進されることになると考えられます。

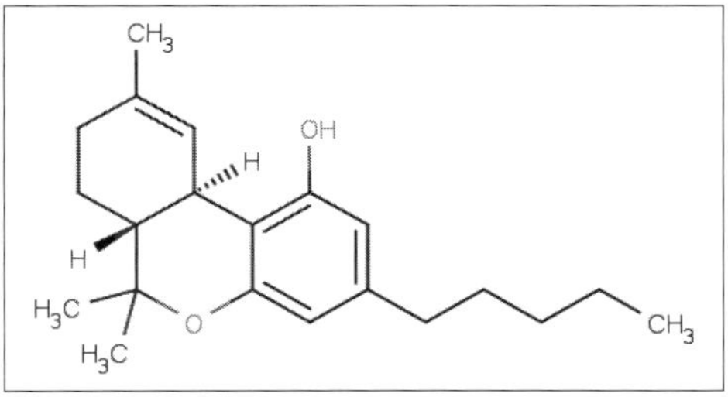

図71　「THC」は窒素原子(N)を含まないので、「アルカロイド」ではない

＊

「大麻」は「ヘロイン」や「コカイン」「タバコ」「アルコール」に比べて有害性が少なく、習慣性や禁断症状もほとんどないと言われています。

ヨーロッパでは、「大麻」の効用に注目し、「大麻」は不安を緩和したり、催眠を促したりするための「医薬品」として処方されてきました。

日本では、「大麻」は所持、栽培、輸出入、売買などが法律で禁止されてい

ます(使用自体は違法ではない)。

　しかし、このような歴史的背景もあり、ヨーロッパのオランダやドイツなどの一部の国では、大麻が制限付きで「合法化」されており、裕福な外国人観光客などが、お忍びで「大麻」を摂取することも少なくありません。

　また、アメリカでも「医療目的」での「大麻」の使用を認めている州が一部あります。

　こういうこともあって、「大麻合法化」を求める意見も多くありますが、未成年者の乱用やゲートウェイドラッグになる危険性、暴力団の資金源になる危険性などがあるため、「大麻合法化」についての議論は、慎重にされるべきだと思います。

図72　市販の紙巻き型の「大麻」

■戦時中の日本を支えた「覚醒剤」

　日本で最も乱用されているドラッグが「覚醒剤」です。
　主に「覚醒剤」と呼ばれるものには2種類があり、(a)「アンフェタミン」と(b)「メタンフェタミン」があります。

　この2種類のうち、日本に出回っているもののほとんどが(b)「メタンフェタミン」で、逆にアメリカでは(a)「アンフェタミン」が多いです。
　これは同じ「覚醒剤」でも合成法が異なるからであり、日本では中国からの密輸が多いとされています。

戦時中の日本を支えた「覚醒剤」

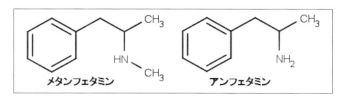

図73　「メタンフェタミン」(左)と「アンフェタミン」(右)の構造式

*

　「メタンフェタミン」と「アンフェタミン」では、脂溶性の高い「メタンフェタミン」のほうがその薬理効果が数倍は大きく、「覚醒剤」は脳内報酬系の「A10神経系」に直接作用して、「ドーパミン」の遊離を促進し、使用者に多幸感や快楽を生じさせます。

　その効果は顕著です。
　使用者によれば、注射の針を抜く間もなく手足がすっと冷たくなり、同時に身体が軽くなって、頭が冴えるというのです。
　さらに、急に目前が明るくなり、雲の上にいるような気分になって、疲労感をまったく感じなくなるといいます。
　「覚醒剤」は中枢神経を「興奮」させるので、このような作用も見られるのです。

*

　そもそも「覚醒剤」というのは、漢方薬「麻黄」の主成分から作られた化合物です。
　「麻黄」は発汗や咳止め、解熱などの効果から、市販の「葛根湯」にも含まれており、気管支喘息の薬に使われる「塩酸エフェドリン」の原料でもあります。

　「メタンフェタミン」は「エフェドリン」の研究過程で生まれた化合物で、その「覚醒作用」から、疲労を軽減する薬「ヒロポン」として、1941年に大日本製薬(現在の大日本住友製薬)から発売されたのが始まりでした。

　当時は戦時中であり、軍は生産性を上げるために、軍需工場の作業員に錠剤を配布して、10時間以上の労働を強制したり、夜間の監視任務を負った戦闘員や夜間戦闘機の搭乗員に、視力向上用として配布したりしていたのです。

　現在でこそ「覚醒剤」の代名詞である「ヒロポン」ですが、当時は副作用についてまだ知られていなかったため、規制が必要であるという考え方自体がなく、「一種の強壮剤」のような形で利用されていました。

そのため、日本軍の兵士たちの中には、少なからず「薬物依存症」の人がいたのではないかと思われます。

実際に、アメリカの南北戦争では、「死と向かい合わせの戦場」という極限状態のストレスが影響し、多数の兵士が「モルヒネ」を溺愛していたと言います。

日本軍があれほどまでに勇猛果敢だったのは、「覚醒剤」の寄与も少しはあったのではないでしょうか。

やがて日本が敗戦すると、同時に軍部が所蔵していた注射用アンプルが流出し、「酒」や「タバコ」といった嗜好品の欠乏も相まって、人々が精神を昂揚させる手軽な薬物として、「覚醒剤」は社会で蔓延していきました。

そして、その依存者いわゆる「ポン中」が大量に発生し、中毒患者が50万人を超えるなど、大きな社会問題となったのです。

そうして蔓延が社会問題化したことを受けて、1951年に「覚せい剤取締法」の制定と施行によって、「覚醒剤」の使用は禁止されました。

つまり、日本で「覚醒剤」の使用が合法的だった期間が、10年ほど存在したのです。

現在でも「覚醒剤」の乱用が度々報じられるのは、裏で暴力団などが介して、取引を続けているからです。

「覚醒剤」の小売価格は1gで10万円とも言われており、これは実に金の価格(1gで約5,000円)のおよそ20倍です。

そのため、「覚醒剤」は暴力団などの主要な資金源となっているのです。

■「アヘン戦争」を引き起こしたドラッグ

「アヘン」は、未熟なケシの実に傷を付け、そこから染み出す乳状の液体を集めて乾燥させた「麻薬」です。

「アヘン戦争」などでも有名な「アヘン」ですが、「アヘン」が麻薬となり得るのは、そこに10%ほどの「モルヒネ」を含んでいるからです。

そのため、他の「麻薬」に比べて麻薬性は相対的には少ないとされていますが、過度の摂取は幻覚症状などを引き起こし、依存症や中毒に陥る可能性もあります。

*

　ヨーロッパでは、19世紀から「アヘン」を嗜好品として快楽を得るために用いてきました。
　しかし、その乱用は、麻薬性の少なさが幸いし、大きな社会問題にまで発展しませんでした。

　ところが、中国や東南アジアでは、「アヘン」の乱用が大きな社会問題になったのです。
　この理由は、「摂取方法」の違いにあります。

　ヨーロッパでは、アヘンは「経口摂取」が主流だったのに対し、中国では、アヘンは喫煙によって「肺」から摂取するのが主流だったのです。

　「経口摂取」ならば、肝臓でその大半が解毒されるので、毒性は現れにくいです。ところが、「肺」からの吸引になると、麻薬成分が血液に直接入って、肝臓で解毒されないので、毒性が強く現われてしまうのです。

　このため、中国では「アヘン」に溺れて廃人と化す中毒者があふれ、政府高官から庶民に至るまでが、「アヘン」に蝕まれていきました。
　ついに堪りかねた中国政府は「アヘン」の輸入を禁止しますが、イギリスはこれに怒り、「アヘン戦争」が勃発しました。

図74　未熟なケシの実

*
　「アヘン」に鎮痛・催眠などの効果があることが発見されたのは、恐らく5千年以上も前のことですが、「アヘン」がどのようにして麻薬性を及ぼすのかは、長い間科学上の謎でした。

第7章 「薬物乱用」の科学

　1803年、ドイツに住む20歳の薬剤師フリードリッヒ・ゼルチュルナーが行った実験は、科学史に永遠に残ることになるでしょう。

　彼は、人々を惑わす「アヘン」の謎を解くべく、その有効成分の単離を試みたのでした。
　細かくすり潰した「アヘン」を酸で抽出し、続いてアンモニアを作用させると、固体が沈殿してきます。さらに、これをアルコールから再結晶することで精製し、遂には純粋な結晶を得ました。
　彼は、ギリシア神話の「眠りの神モルフェウス」から取り、この成分を「モルヒネ」と名付けました。

　これは、植物から薬効成分を純粋に分離した最初期の例に当たります。病を治し、人体を変える力は、神秘的な生命エネルギーなどではなく、単なる物質に宿っていることを示した点で、まさに歴史的な発見であったと思います。

＊

　「モルヒネ」は中枢神経に対して強い「抑制」作用があるため、末期ガン患者などに対して、鎮痛剤として用いられることもあります。

　しかし、「モルヒネ」は脳内の「報酬系」にも作用することが知られており、そのプロセスは、「大麻」などと同じく「GABA」の働きを「抑制」するためです。
　しかも、この効果は「大麻」などよりはるかに強力で、強い薬物依存を形成してしまうのです。

　さらに「ヘロイン」になると、その「毒性」はより凶悪になり、快楽も禁断症状による苦痛も、他の薬物の追随を許しません。
　「ヘロイン」は「モルヒネ」を「アセチル化」したものであり、その構造は「血液脳関門」を極めて通過しやすいため、「毒性」が非常に強く現われるのです。

　「ヘロイン」の快楽は、「通常の人間が一生のうちに体感し得るすべての快感の合計を上回る快感を瞬時に得ることに等しい」とも言われています。
　快楽を感じているときは、中枢神経を「抑制」しているので、うっとりとしながら陶酔していることが多いようです。

　しかし、その快楽も最初だけで、依存が深まると、激しい「禁断症状」に悩

まされるようになります。

その「禁断症状」は、「全身が痙攣し、あまりの苦しさに失神する」「筋肉や関節の痛みは言い表せない」「痛みで精神が錯乱し、自己破壊の衝動に駆られ、床や壁に身体を打ち付けるようになる」「やがて失神し、痙攣の発作を起こし、衰弱で死亡する」とあります。

「ヘロイン」は、精神依存性や身体依存性がともに高く、いかなる麻薬よりも依存を早く形成してしまうのです。

中毒の末期では、1日に20回ほど摂取をしないと「禁断症状」が現われてしまうと言います。

大量摂取によって「中枢神経」が抑制され、呼吸が止まり、「急性中毒死」することもあるぐらいです。

「ヘロイン」は、「史上最悪のドラッグ」と言っても過言ではありません。

■コカ・コーラには「コカイン」が入っている？

「コカイン」は南米原産のコカの木の葉を原料としたドラッグで、「アルカロイド」の一種です。

現地では、古くから疲れを癒す薬や局部麻酔薬として使われてきました。

「高山病」などに効果があることから、ペルーやボリビアの高地に住む人々の間には、日常的に「コカの葉」を噛む習慣があるといいます。

「コカイン」の中枢神経系への作用は「覚醒剤」と類似しており、中枢神経を興奮させ、疲労を回復させ、空腹を忘れさせるなどの作用があります。

脳内の「報酬系」にも作用し、「A10神経系」におけるドーパミン遊離を促進するので、強い薬物依存を形成します。

ただし、「コカイン」の依存は主に「精神依存」であり、「身体依存」は弱いとされています。

その快楽の強度は「覚醒剤」をはるかに上回り、強い興奮作用と陶酔感を感じるものの、作用時間は長くても30分ほどで、作用時間は「覚醒剤」よりも短いようです。

第7章 「薬物乱用」の科学

「コカイン」はその強烈な快楽と短い作用時間のために、徐々に使用頻度が多くなっていくのです。

身体依存による「禁断症状」がなく、いつでもやめられると思っていても、一週間もするとまた使用したくなり、やがて「中毒」になっていきます。

「コカイン中毒」になると、幻覚や妄想などの精神障害が現われ、「皮膚の下に虫が住み着いている」というような「皮膚寄生虫妄想」をしたり、「誰かに命を狙われている」というような「被害妄想」をしたりするようになります。

これは「コカイン精神病」と呼ばれ、コカイン中毒者によく見られる症状です。

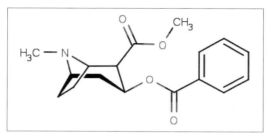

図75 「コカイン」はコカの木に含まれる「アルカロイド」である

＊

「コカ・コーラ」は1886年にアメリカで発売され、現在では世界中で親しまれている清涼飲料水です。

この飲み物は、ジョージア州アトランタの薬剤師であるジョン・ペンバートンによって考案され、当初は「コカの葉」から抽出された成分が入っていました。

そのため、当初のコーラは100 mLにつき2.5 mgの「コカイン」を含んでおり、鎮痛や覚醒作用のある薬飲料として、アメリカで人気を博していました。

しかし、「コカイン」の有害性が判明すると、「コカイン」を取り除くようにという政府からの要請があり、1903年からはコカ・コーラに「コカイン」は加えられなくなりました。

現在では、代わりに覚醒作用のある「カフェイン」が加えられています。

＊

なお、「カフェイン」に対する感受性には個人差がありますが、「カフェイン」にはやや強い生理作用があり、脳や筋肉を刺激して興奮状態を起こさせるの

で、眠気防止や疲労感の除去、運動機能の亢進、あるいは医学領域において強心剤などとして用いられます。

イギリスの研究では、1,500m走の選手に350 mgの「カフェイン」を投与すると、タイムが平均で4秒も伸びたと言います。このため、多くの競技で「カフェイン」は監視薬物に指定されています。

なお、「カフェイン」の毒性は弱いですが、慢性に多量に摂取すると、依存症を形成することがあります。

＊

また、かつて「コカ・コーラ」などの炭酸飲料水を飲むと、「歯や骨が溶ける」という説が流行ったことがありますが、それはまったくの誤りです。

「炭酸飲料水」には、清涼剤として「リン酸」や「クエン酸」などの酸味料が加えられており、pHが2.5~3.5程度の比較的強い酸性になっています。
したがって、「炭酸飲料水」に歯や魚の骨などを入れると、「脱灰現象」により溶けて軟らかくなりますが、実際には、口の中の唾液が「緩衝作用」で酸性を弱めるので、飲んだときに歯に与える影響は少ないと思われます。

それから、この問題で忘れてはならないのが「胃液」の存在です。
「胃液」には「塩酸」が含まれており、かなり強い酸性です。「胃液」は1日に1~2 L も分泌されていますから、もしも「炭酸飲料水」で体内の骨が溶けるなら、「炭酸飲料水」を飲まなくても、「胃液」で体内の骨が溶けているはずです。

■ビートルズも愛した「LSD」

中世ヨーロッパでは、「突然手足が痺れ、全身が痙攣し、まるで火に焼かれるように手足に壊疽を起こし、ちぎれてしまう」という、原因不明の恐ろしい奇病が度々流行しました。

ところが不思議なことに、この病に冒された患者が、ウィーン郊外にある「聖アントニウス寺院」に近付くと、なぜか症状が軽くなります。そこで、この奇病は「聖アントニウス」に祈れば治ると信じられ、「聖アントニウスの火」と呼ばれるようになりました。

後にこの病気の原因は、当時の人々の主食だった「ライ麦」にあると判明し

ました。

　天候不順などで生育状態のよくないライ麦には、「麦角」と呼ばれるカビが生えることがあります。約1~5 cmほどの長さの角のような形をした「麦角」に、猛毒が秘められていたのです。

　麦角の毒は「バッカクアルカロイド」と呼ばれ、体内に入ると血管を収縮させる作用があります。そのために血液循環が悪くなり、手足に壊疽を引き起こします。
　また、神経や循環器系統にも影響するため、手足の痺れや全身の痙攣に至るのです。

　しかし、いったいなぜ「聖アントニウス」に祈ると、「麦角中毒」が治るのでしょうか。
　この症状に苦しむ人たちは、祈りを捧げるために、「聖アントニウス寺院」に向けて巡礼の旅に出ることがありました。
　旅に出れば、当然、日常の食生活を捨てることになるので、「麦角菌に汚染されたライ麦」を摂取しなくなり、症状が緩和されます。

　また、「聖アントニウス寺院」の修道士たちは、胚芽とふすまを取り去った小麦粉でパンを作っており、当時はこのパンに治療効果があると考えられていました。

図76　「麦角」は生長するとキノコ状になる

＊

　しかしながら、「麦角」の存在自体は、紀元前600年頃のアッシリアの古文書に記されているなど、古代から知られていました。
　そして、20世紀に「麦角」の作用を薬に応用するため、化学的な改変を加えて開発されたものが、「LSD」でした。

「LSD」を開発したのは、スイス製薬会社サンド社にいたアルバート・ホフマンです。

しかし、ホフマンは「幻覚剤」の開発を目指していたのではなく、当初の目的は医療上の研究でした。

ホフマンは「麦角」のもつ血管収縮作用を利用した「分娩促進剤」を開発しようとしていたのです。

ホフマンの合成した「LSD」は、動物実験においても医療上の効果はなく、一度は研究が中止されました。

しかし、数年後にホフマンはもう一度、この物質を検討しようとして取り出しました。

そのときに偶然、精製中の「LSD」がホフマンの指先の皮膚を通じて吸収され、ホフマンは突然めまいを覚え、酒に酔った感覚の中で、鮮やかな色彩や形にあふれた万華鏡のような幻覚を見たのです。

そんな状態が2時間ほど続き、ホフマンはこの鮮明な幻覚が、「LSD」によってもたらされたことを知りました。

「LSD」のもつ向精神薬としての作用は、精神医療の研究に役立つのではないかとホフマンは考えましたが、「LSD」を誰よりも熱狂的に歓迎したのは、研究者よりもむしろ画家や音楽家たちでした。

「LSD」がもたらす幻覚体験を芸術創造のヒントとする「サイケデリック・アート」が生まれ、画家たちは「LSD」の影響下で書いた自分の絵を、「技術は損なわれているが、線が大胆になり、色が鮮やかになり、情緒的により拡張されたものである」と評価し、「サイケデリック・アート」は大衆の間で人気を集めました。

また、音楽家たちの間でも「LSD」は人気を集め、ジミ・ヘンドリックスやビートルズなどの1960年代の音楽家たちは、「LSD」から測り知れない影響を受けたのです。

ビートルズの名作アルバム「サージャント・ペッパーズ」には「青」「赤」「黄」「紫」などの鮮やかな色の衣装を身に纏った4人の姿が見えますが、これはメンバー全員が「LSD」で実際に見た桃源郷の世界だったのです。

*

LSDは脳内で「セロトニン」の働きを抑制し、「ドーパミン」や「ノルアドレ

第7章 「薬物乱用」の科学

ナリン」の遊離を促進します。

「セロトニン」は神経伝達物質の一種であり、「ドーパミン」や「ノルアドレナリン」の働きをコントロールし、精神を安定させる作用があると考えられています。

「LSD」の幻覚喚起作用は極めて強く、体重1 kg当たりわずか0.0005 mg程度の服用によって精神状態に変化をもたらし、色彩に満ちた幻覚が数時間に渡って持続します。

しかも、依存性はほとんどなく、服用後短時間で「LSD」は代謝され、脳にも後遺症を残さないと言われています。

ただ、服用する際の環境や精神状態にその体験は強い影響を受けるとされており、「グッドトリップ」になることもあれば、「バッドトリップ」になることもあるといいます。

千回以上の「トリップ」を経験したと言われるジョン・レノンも、「グッドトリップ」ばかりを見ていたはずもなく、「結局、LSDは苦痛を増すだけで自己の内面を覗くことはできない」と悟りました。

現在では、「LSD」は法律で禁止されている薬物ですが、「LSD」に酔いながら、そして苦しみながら、彼らが生み出した作品や文化は、今でも私たちを楽しませてくれます。

7章参考文献

田中真知	「へんな毒すごい毒」技術評論社
宇野文博	「図解中毒マニュアル」同文書院
鈴木勉	「毒と薬【すべての毒は「薬」になる!?】」新星出版社
枝川義邦	「身近なクスリの効くしくみ」技術評論社
薬理凶室	「アリエナイ理科ノ教科書」三才ブックス
薬理凶室	「アリエナイ理科ノ教科書ⅡB」三才ブックス
薬理凶室	「アリエナイ理科ノ教科書ⅢC」三才ブックス
薬理凶室	「アリエナイ理科」三才ブックス
佐藤健太郎	「炭素文明論」新潮社
左巻健男	「面白くて眠れなくなる化学」PHP研究所
浜村良久	「面白いほどよくわかる心理学のすべて」日本文芸社
数字でわかる人体の奇跡 研究会	「数字でわかる人体の奇跡」アントレックス
ジョー・シュワルツ	『シュワルツ博士の「化学はこんなに面白い」』主婦の友社

第8章
「放射線」の科学

- ■私たちは日常的に「被曝」している?
- ■「放射線」の「人体」への影響
- ■「原子」と「放射能」
- ■放射線の種類
- ■α崩壊
- ■β崩壊
- ■γ崩壊
- ■「α線」は紙1枚で止めることができる?
- ■被曝(ひばく)とは何か
- ■「外部被曝」を低減するには
- ■「内部被曝」を低減するには
- ■「放射線」の「生物」への影響
- ■「放射線」の「身体的影響」
- ■「放射線」の「遺伝的影響」
- ■「放射線」の「有効利用」

「放射線」の科学

> 一口に「放射線」と言っても、「放射線」にはさまざまな種類があります。
> そして、その防護方法や生物への影響も、それぞれの「放射線」で異なります。
> 「放射線」は一般的に有害なイメージがありますが、利用方法次第では、有用な利用方法もあります。
> この章では、「放射線」を科学していきます。

■私たちは日常的に「被曝」している？

　まず「放射線」について考えるときに、最初に知っておいてほしいことは、宇宙に存在するほとんどの物質、すなわち地球上のほとんどの物質は、「放射線」を出している「放射性物質」だということです。

　「それは大変だ！」と驚く人もいるかもしれませんが、私たちの身の回りは、もともと「放射能」をもつ「放射性物質」で溢れているのです。
　たとえば、朝に窓から差し込む太陽の光には、「放射線」が含まれています。そして、朝のニュースを見るテレビや、朝食にミルクを温める電子レンジ、そしてミルク自体からも「放射線」が出ています。

　とはいっても、これらは普通に生活しているぶんには何ら問題になるレベルではありません。
　しかし、私たちが「放射線」によって日常的に「被曝(ひばく)」していることは事実です。「放射線」は無味無臭で、しかも肉眼では見えないので、その存在に気が付かないだけなのです。

　「放射線」は、発生源の違いにより、(A) もともと自然にあった「**自然放射線**」と、(B) 人の手で作られた「**人工放射線**」——の２つに分けることができます。
　どちらも「放射線」であることに変わりはなく、「自然放射線」だから無害で、「人工放射線」だから有害というようなことはありません。

　「人工放射線」の身近な例は、健康診断などで行なわれる「胸部レントゲン

写真撮影」です。

また、「原子力施設の事故」や「大気圏内の核実験」により、放射性物質が大気中に放出され、雨や塵とともに地上に降り注いでくる「放射性降下物」も存在しています。

その他、「産業機械」などからも「人工放射線」が生み出されています。

一方で、「自然放射線」には「宇宙からの放射線」(宇宙線)や「太陽からの放射線」(太陽粒子)、「大気中の放射性物質からの放射線」、「地面や地下の岩石などに含まれる放射性物質からの放射線」などがあります。

また、実は、ほとんどの食物には放射線を出す「カリウム40」が含まれていて、なんと「天然カリウム」の「0.0117%」はこの「カリウム40」なのです。

私たちは日常的に身体を構成する物質に含まれる「放射性物質」から放射線による「内部被曝」を受けています。そのうちのかなりの割合が、この微量に存在する「カリウム40」によるものと考えられています。

「カリウム40」は放射線を出しながら「原子核崩壊」し、「カリウム40」の放射線量は地球誕生以来、何十億年もかけて徐々に減ってきました。

*

アメリカの生化学者であるアシモフは、ある時点での「放射能レベル」が、知的生命体の発展へと扉を開く鍵になったのではないかと考えています。

初期の地球では、「カリウム40」が多すぎて傷付きやすい「長いゲノム」は形成されず、長い年月が経って「カリウム40」が減ってくると、徐々に突然変異の出現確率が低くなり、最終的には高度な「知的生命体」に落ち着くというのが彼の説です。

もちろん、これは純粋な理論上の考察ですが、「放射線」による大きな突然変異がなければ、今の人類は存在しなかったという考え方は、非常に興味深いですね。

■「放射線」の人体への影響

「放射線」による人体への影響の度合いは、「シーベルト」(Sv)という単位を使った量で表わされます。

次の**表77**に生活に関わる「放射線」の「被曝線量」を示します。

「被曝線量」は、「放射性物質」の種類や放射線量、放射線の種類などによっ

第8章 「放射線」の科学

て数値が変わってきます。

この「シーベルト」を用いると、放射線による「医学的重篤度(じゅうとくど)」がどの程度か分かりやすくなり、とても便利になるのです。

ちなみに、「μ」(マイクロ)というのは「$1/10^6$」を表わす接頭語であり、「$1\,\mathrm{Sv} = 10^6\,\mu\mathrm{Sv},\ 1\,\mathrm{mSv} = 10^3\,\mu\mathrm{Sv}$」なので、ニュースで見るときには単位によく注意する必要があります。

表77 生活に関わる「放射線」の「被曝線量」(藤高和信「放射能と放射線」より引用)

発生源	行　為	被曝線量〔μSv〕
人工放射線	胸部X線集団検診/1回	50
自然放射線	東京・ニューヨーク旅行飛行機/往復	190
自然放射線	日本国内の自然放射/年	400
人工放射線	胃のX線集団検診/1回	600
人工放射線	一般公衆の線量限度/年	1,000
自然放射線	世界の自然放射(平均)/年	2,400
人工放射線	胸部X線CTスキャン/1回	6,900
自然放射線	ガラパリに住む/1年	10,000

さて、日常的に受ける「被曝線量」は、「胸部X線集団検診」の場合では50 μSv、「1年間に自然放射から受ける世界平均値」が2,400 μSv、「1回のCTスキャン」で6,900 μSv、「ガラパリに1年間住む」と10,000 μSvです。

さらに、「自衛隊・警察・消防が1年間に浴びて可とされる線量」が50,000 μSv、そして「99％の人が死亡する線量」が7,000,000 μSvです。

2,400 μSvの「自然放射」の内訳は、「宇宙から」380 μSv、「大地から」480 μSv、「食物から」240 μSv、「空気中のラドンなどから」1,300 μSvの被曝量だと言われています。

ちなみに、「ガラパリ」というのはブラジルの南大西洋沖のリゾート地であり、この地域では地磁気が弱くて、放射線帯が垂れ下がっていることから、「南大西洋磁気異常」と呼ばれ、ここでは地球上で最も多く「宇宙線」が降り注いでくることで知られています。

なお、「シーベルト」が人体などへの「被曝の総量」を表わすのに対して、「シー

ベルト毎時」(Sv/h)は人体への「被曝の強さ」を表わします。
　たとえば、2 Sv/hだったら「1時間で2 Svの被曝量を受ける強さ」を表わします。

　また、「年間被曝量」とは「1年でどれくらい放射線の影響を受けるか」を表わす数値であり、「シーベルト毎時」から、次のように算出されます。

> シーベルト毎時(Sv/h)×24(時間)×365(日)=年間被曝量

　一方で、「放射線量の単位」として「**ベクレル**」(Bq)が使われることもあり、「1秒間に1個の原子核が崩壊して放射線を出す」と、1 Bqになります。
　つまり、「ベクレル」は放射性物質の「放射能の強さを示す単位」なのです。
　ただし、物質によって出される放射線の種類やエネルギーの大きさが違うため、同じ「ベクレル数」でも、人体などへの影響はそれぞれの物質によって違うということに注意が必要です。

　さらに、「放射線が物質に当たったときに与えるエネルギー量」は「**グレイ**」(Gy)で表わされます。
　1 Gyは1 J/kgとも表わされ、1 Gyは「物質1 kgについて1 Jのエネルギーが吸収された」ことを意味します。
　ただし、「グレイ」は「エネルギー量」を表わすといっても、「放射線の人体への影響」を直接表わす数値ではないことに注意が必要です。

　「吸収線量」(グレイ)と「線量当量」(シーベルト)には、一般的に、次のような関係があります。

> 線量当量(Sv)=W_R×吸収線量(Gy)

　ここで、「W_R」は「放射線荷重係数」を示します。

　「吸収線量」(グレイ)は「J/kg」と「SI単位系」できっちり定義された、曖昧でない物理量です。
　それに対して、「放射線が人体にどのくらい影響があるか」という「生物学的影響を表わした量」が、「線量当量」(シーベルト)なのです。
　「線量当量」はいわば「被曝の重篤さ」を表わした量ですから、「吸収線量」と

比べると、やや恣意的で曖昧な表現なわけです。

そこで、この両者の量を結び付ける係数が、「放射線荷重係数」です。
「放射線荷重係数」は、動物の種類や部位、年齢などによって異なり、放射線の種類によっても変化します。
「吸収線量」に「放射線荷重係数」を掛けることで、「吸収線量」を曖昧な「線量当量」に変換することができるのです。

かくして、「グレイはデジタル的」、「シーベルトはアナログ的」という人もいます。
しかし、「シーベルト」も動物実験を行なってきちんと算出した値であり、「放射線」が人間にどう影響するのかということを分かりやすく表現した「シーベルト」のほうが、「グレイ」よりも好まれて使われる傾向があります。

表78　「放射線」に関する単位

ベクレル (Bq)	ある放射性物質が1秒間に出す放射線量を表わす。
シーベルト (Sv)	放射線による人体などへの影響度合いを表わす。
グレイ (Gy)	放射線が物質に当たったときに与えるエネルギー量を表わす。

■「原子」と「放射能」

英語では「原子」を「atom」と言います。「atom」は「それ以上は小さく分割できない最小単位」という意味です。
自然界には「水素」(H)から「ウラン」(U)まで90の「原子」が存在し、その「原子」の組み合わせでさまざまな「物質」が作られているのです。

「原子」はその中心にある1個の「原子核」とその周囲を運動する「電子」から出来ています。
さらに、「原子核」は正の電荷をもつ「陽子」と電荷を持たない「中性子」から出来ており、この「陽子」と「中性子」を総称して、「核子」と呼びます。

原子核の「陽子」は正の電荷をもっていますが、原子核の周囲を運動する「電子」は反対の負の電荷をもちます。
「原子」は電気的に中性になろうとするので、「陽子」の数と「電子」の数は同じになります。

また、原子核中の「陽子」の数で「元素」の種類が決まり、その数を「原子番号」と言います。

さらに、「電子」の質量は非常に小さいため、原子核中の「陽子」の数と「中性子」の数で、「およその原子の質量」が決まり、その和を「質量数」と言います。

「質量数」を示すときには、元素記号の左上に「質量数」を書きます。

たとえば、「陽子」3個と「中性子」4個からなる「リチウム」は、「$^7\mathrm{Li}$」と書きます。

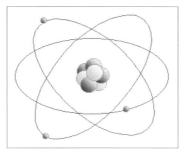

図79　有名な「原子」モデル

同じ元素の「原子核」であれば、「原子核」に存在する「陽子」の数は同じですが、「中性子」の数は必ずしも同じではありません。

このように、「陽子」の数は同じだけれど、「中性子」の数が違う原子同士のことを「同位体」(アイソトープ)と言います。

日本語で「同位体」を表わすには、元素名の次に「質量数」を添えるようにします。

たとえば、最も小さな原子である「水素原子」の同位体としては、中性子が0のもの($^1\mathrm{H}$、水素1、軽水素)、中性子が1個あるもの($^2\mathrm{H}$、水素2、「重水素」または「ジュウテリウム」)、中性子が2個あるもの($^3\mathrm{H}$、水素3、「三重水素」または「トリチウム」)の3種類があります。

また、水素の同位体に限り、重水素を「D」、三重水素を「T」と固有記号で表わす場合があります。

表80 水素の同位体

	^1H	^2H	^3H
陽子	1	1	1
中性子	0	1	2
質量数	1	2	3
存在比	99.985%	0.015%	極微量
呼称	軽水素	重水素	三重水素

同じ元素の「同位体」であれば、化学的性質は変わりません。

しかし、「同位体」によっては「安定」なものと「不安定」なものがあり、「不安定な同位体」は、その原子核に固有の速さで「別の原子核」に変化します。これを「原子核崩壊」(放射性崩壊)と言い、「原子核崩壊を起こす同位体」を、特に「放射性同位体」(ラジオアイソトープ)と言います。

「放射性同位体」は原子核崩壊をするときに「放射線」を放出し、陽子の数が変われば、「別の元素」に変化します。

たとえば、「水素」の場合、^1Hと^2Hは「安定な同位体」ですが、^3Hは「不安定な放射性同位体」であり、^3Hは「β線」を出しながら、徐々に「^3He」に変化していきます。

このように「原子核崩壊」をすると、ある一定の割合で「放射性同位体」の原子数が減っていきます。

これは、「放射性同位体の崩壊数」が、その物質の量そのものに比例するからです。

原子数が半分になるまでの期間を「半減期」と言い、放射線量も半分になります。この期間は物質によって決まっており、「数十秒」と短いものから、「数十億年」とかかるものまでさまざまです。

次の表81に主な「放射性同位体」の「半減期」を示しました。

ちなみに「^3H」の場合、「半減期」は約12.4年になります。

表81　主な「放射性同位体」の「半減期」

放射性同位体	半減期	放射性同位体	半減期
^{90}Kr	32.3秒	^{226}Ra	1,600万年
^{131}I	8.04日	^{239}Pu	2.4万年
^{210}Po	138.4日	^{40}K	12.8億年
^{90}Sr	28.9年	^{238}U	44.6億年
^{137}Cs	30.0年	^{132}Th	141億年

「放射性同位体」から出る放射線の強度は、それぞれ「半減期」をもっており、「半減期」を「T」とすると、「T時間」経てば、放出される放射線の強度は半分に減ってしまいます。

放射線の強度が半分になったときから数えて、さらに「T時間」経つと、放射線の強度はさらに半分に減ります。

これは無限に繰り返されて、ついには放射線を検知できない低レベルまで減ってしまいます。

「放射性同位体」が原子核崩壊するとき、「微小時間」(dt)における「原子の崩壊数」(dN)は、「ある時刻における原子数」(N)に比例するので、これを数式で表わすと、次のようになります。

ここで、「λ」は「減衰係数」と言われるもので、「t」は「経過時間」、「N」は「t年後」の「原子数」を表わします。

$$dN = -\lambda N \times dt$$
$$\therefore \frac{1}{N}dN = -\lambda dt$$

これを両辺で積分すると、次のような式になります。
ここで、「N_0」は「崩壊する前の原子数」、「$\ln$」は「自然対数」を表わします。

$$\int \frac{1}{N}dN = -\int \lambda dt$$
$$\ln N = -\lambda t + C$$
$t = 0$のとき、$C = \ln N_0$

「初期条件」($t = 0$)より、積分定数は「$C = \ln N_0$」となりました。これを「$\ln N = -\lambda t + C$」に代入すると、次のようになります。

$$\ln N = -\lambda t + \ln N_0$$
$$\ln \frac{N}{N_0} = -\lambda t$$
$$\therefore N = N_0 e^{-\lambda t}$$

また、「半減期」を「T」とすると、「$t = T$」では「$N = N_0/2$」となるので、この式は、次のように書くこともできます。

$$\ln \frac{N_0/2}{N_0} = -\lambda T$$
$$\ln 2^{-1} = -\lambda T$$
$$\therefore T = \frac{\ln 2}{\lambda}$$

ここで肝心なことは、「半減期」(T)が「減衰係数」(λ)によって決まり、物質ごとに異なる値だということです。

「放射性廃棄物」の処分という実用的な問題にも、この「半減期」が鍵となっています。「半減期」が短い「放射性廃棄物」の寿命は、処分場の中で尽きます。しかし、「半減期」の長い「放射性廃棄物」だと、処分場の中で寿命が尽きることはなく、危険も長期化することを意味しています。

*

ちなみに、この半減期の性質を上手く利用したものが、「**放射性炭素年代測定法**」です。

　これは考古学上の最大6万年スケールの「年代測定法」であり、自然の生物圏内において、「^{14}C」(炭素14)の存在比が常に一定であることを利用したものです。

　「炭素14」は、大気上層で宇宙線の衝突によって窒素原子から作られ、大気中の二酸化炭素には、「放射性同位体」である「炭素14」が常に一定量存在しています。

　また、生物体は生きている限り、大気中と同じ存在比で「炭素14」を保持しています。

　しかし、死滅すると、外界から「炭素14」の補給がされなくなるため、死滅後は時間の経過とともに、原子核崩壊が起きて、安定な「^{14}N」(窒素14)へと変化していきます。

　初めの原子数を「N_0」、半減期を「T」とすると、時間「t」だけ経過したときに崩壊せずに残っている原子数「N」は、次のように表わせます。

$$N = N_0 \left(\frac{1}{2}\right)^{t/T}$$

　これによって考古学では、遺物などの「炭素14」の含有率を調べることで、その遺物が何年前のものか分かるのです。

＊

　映画「テルマエ・ロマエ」では、ローマの建築技師であるルシウスが過去から来たことを証明するため、「放射性炭素年代測定法」を用いて、その着衣を調べていました。

　しかし、この方法は「半減期」の性質を利用したものであるため、タイムスリップしてきた人間の着衣を調べても、現代とほぼ同じ値を示すに違いありません。

この下りは、明らかに脚本家のミスであったと思われます。

■「放射線」の種類

「原子核崩壊」によって放出される「放射線」には、「α線」(ヘリウム原子核の流れ)や「β線」(高速の電子の流れ)、「γ線」(電磁波)などがあります。

「放射線」には物質を通り抜ける透過力があり、物質に当たると、物質中の原子から電子を引きはがして、イオンを作る電離作用もあります。
これらの働きの強さは、「放射線」の種類によって異なります。
たとえば、「γ線」は、透過力が非常に強い放射線ですが、電離作用は弱いです。
一方で、「α線」は、透過力こそ弱いものの、電離作用が非常に強い放射線です。
「β線」は、「γ線」と「α線」の中間の性質をもつ放射線です。

次の**表82**に、各「放射線」の比較を示します。

表82　各「放射線」の比較

放射線	正体	電荷	透過力	電離作用
α線	Heの原子核	+2e	小	大
β線	電子	−e	中	中
γ線	電磁波	0	大	小

■α崩壊

原子核が「α崩壊」すると、「原子番号が2小さくて質量数が4小さい」原子核になります。
この「α崩壊」によって放出されるのが、「中性子2個と陽子2個」からなる「α線」です。

「α線」は、ちょうど「ヘリウム」の原子核と同じ粒子で、放射線の中でも最も大きく重く、しかも電荷をもっているので、防御は比較的容易です。
紙やアルミ箔でも防ぐことができ、空気中でも数cm程度しか進むことができません。

しかしながら、「α線」は電子を奪う電離作用が非常に強いため、「α線」を出す「放射性物質」を体内に取り込んだ場合の「内部被曝」には充分注意しなければなりません。

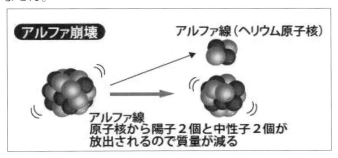

図83　α崩壊（「水徒然HP」より引用）

(例)「ウラン238」から「トリウム234」へ「のα崩壊」

$$^{238}_{92}U \rightarrow {}^{234}_{90}Th^{2-} + {}^{4}_{2}He^{2+}$$

■β崩壊

原子核が「β崩壊」すると、原子核の中性子が陽子に変化して、「原子番号が1大きい」原子核になります。

「中性子」が「陽子」に変化しただけなので、「質量数」は変わりません。このときに放出される放射線のことを、「β線」と言います。

「β線」は「高速の電子の流れ」です。
物質を透過する力はそれほど強くないので、厚さ数mmのアルミ板や厚さ1cmほどのプラスチック板で防ぐことができます。空気中でも、飛距離は1m程度しかありません。

ただし、「β線」が物質に当たると「X線」を放出するので、その防御も必要になります。

「β線」も「α線」と同様に「内部被曝」が問題になります。

第8章 「放射線」の科学

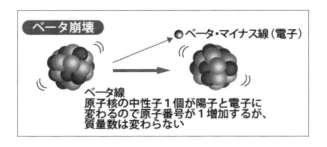

図84 β崩壊(「水徒然HP」より引用)

(例)「アルゴン42」から「カリウム42」への「β崩壊」

$$^{42}_{18}\text{Ar} \rightarrow {}^{42}_{19}\text{K}^+ + \text{e}^-$$

■γ崩壊

　これまで紹介した「α線」と「β線」は「粒子」ですが、「γ線」は、波長の短い「電磁波」です。

　「放射性同位体」には、「α線」や「β線」と同時に、「γ線」を放出するものが多くあります。
　原子核が「α線」や「β線」を放った直後では、原子核はまだ不安定な「励起状態」で、「γ線」を放出して、より安定な状態になろうとするのです。

　要するに、「γ線」はエネルギーの放出です。物質は、低いエネルギー状態であるほど、反応に寄与しにくく、安定になります。

　また、「γ線」を放出しても、原子番号や質量数に変化はありません。

　「γ線」は「電磁波」なので透過力が強く、コンクリートや鉄板、鉛板などで防御する必要があります。ただし、鉛板でも10 cm以上の厚みが必要になります。

　「γ線」は、「内部被曝」よりも、むしろ、高い透過力による「外部被曝」の恐れのほうが大きいです。

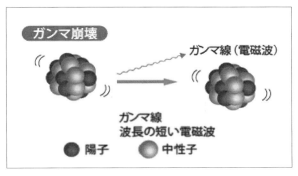

図85　γ崩壊（「水徒然HP」より引用）

■「α線」は紙1枚で止めることができる？

「核分裂」が起きたときに、原子核中の中性子が飛び出して生じる「中性子線」（中性子の流れ）も、「放射線」の一種です。

「中性子線」は電荷をもたないため、原子との相互作用が少なく、透過力が極めて強いです。

「中性子線」を遮蔽することは非常に困難であるため、「放射線」の中でも最も厄介なものと考えられています。

さらに、「γ線」と似たような「電磁波」に、レントゲンで使われる「X線」があります。本質的にはどちらも同じ「電磁波」です。

「原子核崩壊」によって、原子核が励起して、原子核から放出されるものを「γ線」と呼び、電子遷移によって電子が励起して、原子核外から放出されるものを「X線」と呼び分けているだけです。

どちらも、エネルギーの高い「遷移状態」から、エネルギーの低い「基底状態」になるときに放出される「電磁波」です。

なお、原子の内側の軌道から「電子」が叩き出されると、「叩き出されて空いた場所」には外側の軌道にある「電子」が移ってきます。このとき、余分なエネルギーは「X線」として放出されます。

このときに放出されるエネルギーは非常に高く、この電磁波は「特性X線」と呼ばれます。

第8章 「放射線」の科学

「特性X線」は電子軌道が「量子化」されているため、元素の種類ごとに固有の波長をもち、それぞれで異なっています。

そして、エネルギーにもよりますが、「α線」は紙1枚で止めることができ、「β線」は薄い金属箔で、「γ線」はもう少し厚い金属板で止めることができます。「中性子線」は水やコンクリートで止めることができます。

防護のためには、どこでどのような「放射線」が出るのかを予め知っておく必要があります。

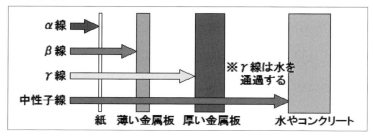

図86 「放射線」の透過力

■「被曝」とは何か

2011年3月11日、東北地方太平洋沖地震による地震動と津波の影響で、東京電力の福島第一原子力発電所において、炉心融解などの一連の「放射性物質」の放出を伴った原子力事故が発生しました。

この事故の後、「被曝」という言葉をニュースなどで耳にすることが急に多くなったと思います。

「被曝」には「放射線などにさらされること」という意味があり、その形態によって、「外部被曝」と「内部被曝」に分けることができます。

■「外部被曝」を低減するには

「**外部被曝**」というのは、人体の外側から放射線を浴びて、受ける被曝のことです。

宇宙線や地表からの放射性物質からの「放射線」を浴びることが、「外部被曝」

の原因となっています。「被曝」を避ける最善の方法は、「放射能汚染事故」などを起こさないことです。

しかし、事故が起こってしまったら、「被曝」を防ぐ対策が必要となります。

「外部被曝」を避ける最上の方法は、「放射能線源」に近付かないことです。そして、汚染地域での滞在時間をできるだけ短くすることです。

そのためには、「どこで汚染が起きているか」をしっかりとしたモニタリングで明らかにしなければなりません。

重大な放射能事故が起きている場合、「放射性物質」は風に乗って飛散し、屋外には「放射性物質」が漂っています。この場合、できるだけ屋外に出ないことが大切です。また、窓を開けたり、換気扇などを付けたりすると、外気が室内に入ってくるので、止めておきましょう。

どうしても外出する必要がある場合には、帽子を被り、眼鏡をかけ、内部被曝予防のための防じんマスクを着用します。さらに、皮膚が外気と触れないような服装をして、手袋や長靴を着用、そしてレインコートのようなものを着ると良いとされています。

屋外で着用した衣類には、「放射性物質」が付着している可能性があるので、外出から戻ったら、玄関先で衣服を脱ぎ、室内に「放射性物質」が入らないようにしましょう。脱いだ服は、ビニール袋に入れておき、後日除染します。

そして、うがいや洗顔をよくして、シャワーを浴びたりして、髪や身体に付着した「放射性物質」を洗い流します。場合によっては、目や鼻も洗うと効果的です。さらに、事故時に屋外で自動車を運転した場合には、その自動車のボディやタイヤも「外部被曝」の線源となります。これも除染が必要です。

また、風向きや降雨についての情報についても注意しなければなりません。風が吹くと、「放射性物質」が風に乗って運ばれてくるからです。

また、雨が降ると、大気中に浮遊している「放射性物質」が雨の水滴に吸着して地表に落ちてくるので、できるだけ雨に当たらないようにすることです。特に降り始めの雨には、「放射性物質」が多く含まれているとされています。

一般的には、「外部被曝」を低減する3原則は、「時間・距離・遮蔽」であると言われています。

厚いコンクリートの壁などで「放射性物質」を隔離しておけば、「放射線」が外部に漏れることはありません。

第8章 「放射線」の科学

　また、線量は距離の2乗に反比例するので、「放射性物質」から離れておけば、被曝を防ぐことができます。
　さらに、線量は滞在時間に比例して増加するので、「放射線場」での行動が少なくなるほどリスクが減らせます。

■「内部被曝」を低減するには

　「**内部被曝**」というのは、食品などの摂取や呼吸によって、外部の「放射性物質」が体内に入り込み、そこが被曝源となって受ける被曝のことを言います。

　「内部被曝」を防ぐには、「放射性物質」を体内に取り込まないこと、そして取り込んでしまった「放射性物質」はできるだけ早く排出することです。

　具体的な対策としては、空気中の塵などに付着した「放射性物質」が、呼吸によって体内に取り込まれると「内部被曝」をしてしまうので、外出の際には防じん用のマスクを着用することが考えられます。
　また、高濃度の「放射能」に汚染されている食物については、原則として絶対に食べないことです。流通して販売されている野菜などの食物については、よく洗ってから食べるようにすればいいでしょう。
　万が一、「放射性物質」が体内に入ってしまった場合には、専門医の管理下で、肺や胃の洗浄、緩下剤、キレート剤などの投与が行なわれます。

　「内部被曝」についての食物モニタリングがさまざまな機関で行なわれていますが、これは連続的に同じ部位を測定したり、また飲料水の測定などを行なったりします。

　ただし、日本では野菜の中でも根菜がよく食べられていますが、「ICRP」(国際放射線防護委員会)による勧告では、葉菜が中心ですから、はっきりとした根拠があるのは葉菜だけです。
　また、肉類についても同様で、魚介類についてはあまり触れられていません。ヨーロッパでは、牛乳のモニタリングも行なわれており、必須のこととして重要視しています。
　何についてのモニタリングを重要視するのかは、各国それぞれの事情が反映されます。
　いずれにせよ、まずは数値の根拠を正確に理解することが大切です。

次の**表87**に、「ICRP」による基準値をもとにした飲食物摂取制限に関する指標を示します。

これは、1年間「暫定基準値量」を超えて飲食物を摂取すると、障害が起きる可能性がある、という値です。

表87 「飲食物摂取制限」に関する指標（藤高和信「放射能と放射線」より引用）

核　種		原子力施設などの防災対策に係る指針における摂取制限に関する指標値 (Bq/kg)
放射性ヨウ素	飲料水	300
	牛乳・乳製品	
	野菜類（根菜や芋類を除く）	2,000
放射性セシウム	飲料水	200
	牛乳・乳製品	
	野菜類（根菜や芋類を除く）	500
	穀類	
	肉・卵・魚など	
ウラン	乳幼児用食品	20
	飲料水	
	牛乳・乳製品	
	野菜類（根菜や芋類を除く）	100
	穀類	
	肉・卵・魚など	
プルトニウムおよび超ウラン元素のα核種	乳幼児用食品	1
	飲料水	
	牛乳・乳製品	
	野菜類（根菜や芋類を除く）	10
	穀類	
	肉・卵・魚など	

現在、「暫定基準値」とされている値は、飲料水中の濃度で、「ヨウ素131」は300 Bq/kg、「セシウム137」は200 Bq/kgとなっており、これが日本の「安全基準値」となっています。

葉菜などの野菜（根菜や芋類を除く）では、「ヨウ素131」が2,000 Bq/kg、「セシウム137」が500 Bq/kgです。

ここで注意すべきは、**表87**はもともとヨーロッパでの食事を対象として定められたものだということです。

第8章 「放射線」の科学

ここでの「基準値」は文字通り「暫定的」であって、将来はもっと慎重に考察した基準が登場するだろうと思っています。

■「放射線」の生物への影響

「X線」が発見された当時、「X線」が人体に有害であることは、研究者をはじめ世の中では理解されていませんでした。

それ故、時の放射線研究者の多くは、後に「放射線障害」で苦しむことになりました。

それでは、どれくらいの量の「放射線」を受けると、人体に影響が出てくるのでしょうか。

放射線の人体への影響は、(A)「身体的影響」と(B)「遺伝的影響」——の2つに大きく分けることができます。

■「放射線」の「身体的影響」

「身体的影響」には、「被曝」した人自身が受ける影響によって、さらに(a)「急性影響」と(b)「晩発性影響」に分けられます。

このうち「**急性影響**」は、被曝後ごく短時間で現われる影響のことで、「急性放射線症」や「急性放射線皮膚障害」「造血臓器機能不全」などがあげられます。

一方で、「**晩発性影響**」は、放射線に被曝してから数年ほど時間が経過してから現われる影響のことで、「白内障」や「ガン」「白血病」などがあげられます。身体的影響の潜伏期間は、原則として「線量」が高いほど短くなります。

*

放射線の人体に対する「急性影響」は、次の**表88**のようになります。

「急性影響」の場合、「100 mSv」で軽度のむかつきを感じます。
「250 mSv」の放射線を受けると白血球の数が一時的に減少し、「500 mSv」ではリンパ球の数が著しく減少し、「1,000 mSv」では吐き気や嘔吐、食欲不振、めまい、倦怠感などの急性放射性障害が現われはじめます。

さらに、「2,000 mSv」では出血や脱毛の症状が現われ、約5％の人が2週

間以内に死亡します。「3,000 mSv」では骨髄障害を起こし、放射線を受けた人の50%が死亡します。「5,000 mSv」では局所的に被曝すると白内障や皮膚の紅斑(こうはん)を起こします。

さらに「7,000 mSv」になると、放射線を受けた99%の人が生きていることができません。

1999年の東海村JCO臨界事故で、「放射線」の影響により亡くなった2人は、それぞれ推定「6,000~10,000 mSv」「16,000~20,000 mSv」程度の放射線量を受けたと考えられています。

このとき、「1,000~5,000 mSv」程度の放射線量を受けた作業員がもう1人いましたが、3ヶ月ほどの治療を受けた後、無事退院しています。

表88 「放射線」の人体に対する「急性影響」(単位:mSv)

放射線量	期間および回数	内訳
0.02	1年	1日1時間ブラウン管のテレビを見る
0.05	1回	胸部X線集団検診
1	1年	一般公衆がさらされて良い人工放射線量の限度
1.5	1年	日本の自然放射線量
2.4	1年	自然放射線量の世界平均
6.9	1回	胸部X線CTスキャン
10	1年	ブラジルのガラパリに住む
50	1年	自衛隊・警察・消防がさらされて良い線量限度
81	急性	広島における爆心地から2 km地点での線量
100	5年	放射線業務従事者がさらされて良い線量限度
250	急性	白血球の減少
500	急性	リンパ球の減少
1,000	急性	急性放射性障害(吐き気、嘔吐、水晶体混濁)
2,000	急性	出血や脱毛など。5%の人が死亡する
3,000	急性	50%の人が死亡。局所被曝については脱毛
4,000	急性	局所被曝では永久不妊
5,000	急性	局所被曝では白内障、皮膚の紅斑
7,000	急性	造血系の障害により99%の人が死亡
20,000	1時間	福島第一原子力発電所2号機の格納器内

(藤高和信「放射能と放射線」より引用)

「晩発性影響」の場合、長期間に渡って積算で「100 mSv」の放射線を受けると、成人においてガンで死亡する確率が0.5％程度高くなるとされています。

放射線の「晩発性影響」による発ガンには潜伏期間があり、比較的潜伏期間の短い白血病でも、ピークがくるのに6年はかかると言われています。その他のガンの場合には、10～20年ほど経過して初めて発症します。

なお、同じ「放射線」でも臓器によって受ける影響が異なります。

細胞分裂が盛んで、「放射線」の感受性が高い乳房や肺、胃、骨髄、腸管、生殖腺などの細胞は、「放射線影響」が非常に大きいです。

また、大人に比べて子供は、放射線に対する感受性が高いとされています。

甲状腺ガンや白血病は、被曝時の年齢が低いほど発生率が高く、これは細胞分裂を繰り返している細胞ほど、「放射線」の影響が大きくなるからです。

したがって、大人は将来のある子供たちが、「放射線」の影響を受けないように、充分な注意を払わなければなりません。

■「放射線」の「遺伝的影響」

「遺伝的影響」は、「被曝」した本人ではなく、その子孫に伝わる影響のことです。

「ICRP」(国際放射線防護委員会)がまとめた動物実験の結果では、10 mSvで1/10,000の確率で「遺伝的影響」が現われるとの報告があります。

これは、放射線が細胞を通過すると、細胞の中にある遺伝情報をもつ「DNA」(デオキシリボ核酸)が損傷するからです。

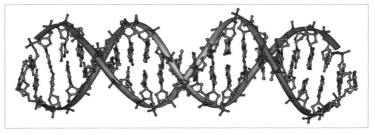

図88　「DNA」の二重螺旋構造

「放射線」の「遺伝的影響」

「放射線」は非常に高いエネルギーをもっており、これらが細胞を通過するとき、細胞内の分子をいきなり「イオン化」したり、細胞内でいきなり「活性酸素」を発生させたり、細胞内でいきなり「水素イオン」(H^+)や「水酸化物イオン」(OH^-)といった酸やアルカリを発生させたりするのです。

もし放射線やこれらの物質の影響で「DNA」が損傷してしまうと、「DNA」の遺伝子が突然変異して、正常な細胞分裂ができなくなり、細胞が死滅したり、細胞の活動が異常化したりして、ガンや白血病などの病気の原因になってしまいます。

そして、このときに人の「生殖細胞」が放射線の影響を受けると、染色体異常や遺伝子の突然変異が起こり、親とは違った形質が子孫に出現し、子孫の身体的または生理的な形質や機能に悪影響が現れてしまいます。

「DNA」は2本の「鎖状ポリヌクレオチド」が一組になってできています。
もし「放射線」の影響が原因で、二重螺旋(らせん)構造の1本のみが切れた場合には、「DNA」はほとんど元通りに修復されます。
しかし、鎖が2本とも切断されてしまった場合には、切れた隙間に他の「DNA」が紛れ込んだり、間違ったところが繋がったりして、「DNA」の修復が上手くいかないことがあるのです。
こうなってしまうと、正常な細胞分裂ができなくなってしまいます。

ただし、「DNA」の修復が上手くいかなかった場合でも、私たちの身体は「アポトーシス」によって、損傷した細胞が次の細胞分裂を起こす前にその細胞を排除する仕組みをもっています。
私たちの身体では、毎日数千個ものガン細胞が発生しているのですが、このような防御機構によって、ガン細胞は常に取り除かれているのです。

*

ちなみに、「成長ホルモン」が多いとガンになりやすいというデータがあります。
成長ホルモン受容体の異常による「小人症」の一種「ラロン型低身長症」の家系を対象とした22年に渡る調査によって、「成長ホルモン」が機能せず背が伸びなかった低身長の人では、平均的な身長の人と比べて、ガンの発生率が極端に低いことが明らかにされたのです。

また、スウェーデンの研究者がスウェーデン人500万人を調査したところ、約10cmずつ背が高くなる毎に、男性では10％の確率、女性では18％の確率だけ、ガンになるリスクが高まるということが分かりました。

これは、成長ホルモンが肝臓で「IGF-1」というホルモンを分泌させる効果があり、このホルモンが「アポトーシス」を抑制するのだそうです。
これによって、「DNA」の傷付いた細胞が分裂して、ガンのリスクが高まると考えられています。

*

また、最近の研究では、「アポトーシス」によって排除されなかった異常化した細胞は、「細胞老化」によって「隠居細胞」となることが分かっています。
「隠居細胞」とは「DNA」が傷付き、細胞分裂を停止した細胞のことです。

人間の培養細胞には、「ヘイフリック限界」と呼ばれる「細胞分裂回数の制限」があることが発見され、「隠居細胞」はこの限界に達した細胞の状態と考えられていました。

「DNA」の末端には「テロメア」と呼ばれる構造があり、これは年齢が増すとともに短縮する傾向があります、そして、「テロメア」の長さが一定以下になると、細胞分裂ができなくなるのです。

しかし、後の研究で、生体内の細胞でも、自己防衛のために「積極的」に細胞分裂を停止することが分かってきたのです。これによって、「若いときのガン化」が未然に防がれていると考えられています。

しかし、年齢を重ねて「隠居細胞」が蓄積すると、「隠居細胞」が新陳代謝を妨げ、臓器の機能を低下させてしまいます。
さらに、「隠居細胞」は「SASP因子」というさまざまな物質を周囲に分泌し、炎症を起こしたり、ガン化を促進させたりすることが分かっています。

「ガン細胞」は免疫力が低下する高齢者ほど発生頻度が高くなりますが、それには、「隠居細胞」の分泌する「SASP因子」の影響も少なからずあるのではないかと考えられています。

■「放射線」の有効利用

「放射線」は、人体にさまざまな影響を及ぼします。

しかし、一方では「放射線」の特性を生かして、「医療」や「工業」「農業」などの分野で有効利用もされています。

「医療分野」では、まずX線検診があげられます。骨や内臓が透けて見えるX線写真はおなじみですね。そして、「ガン治療」では放射線を照射して、ガン細胞を殺す「放射線治療」が広く行なわれています。

最近の「放射線治療」で注目を集めているのが、炭素の同素体である「フラーレン」です。「フラーレン」は1985年に発見され、1996年には発見した化学者にノーベル化学賞が授与されています。

「フラーレン」は図89のようなサッカーボールの形をした炭素分子で、この「フラーレン」の中に「ガドリニウム」という原子を閉じ込めた「内包フラーレン」の研究が現在進んでいます。

この「内包フラーレン」をマウスに注射すると、「内包フラーレン」はガン細胞に集まってきます。これは、「ガン細胞」が急激に成長するために隙間が多く、その隙間と「内包フラーレン」がちょうど合致するからです。

「ガドリニウム内包フラーレン」を多く含んだ「ガン細胞」は、「MRI」(核磁気共鳴画像法)によって他の細胞との識別が容易になり、「放射線治療」の精度が飛躍的に向上すると考えられています。

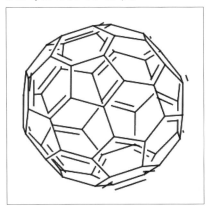

図89　サッカーボールの形をしたC_{60}「フラーレン」分子

第8章 「放射線」の科学

*

　また、放射線は「高線量」では有害ですが、「低線量」ではむしろ生物活性を刺激したり、あるいは高線量照射に対しての抵抗性をもたらしたりする、という考え方があります。これを、「放射線ホルミシス」と言います。

　この考え方は、「アルント・シュルツの法則」に基づくものであると思われます。
　「アルント・シュルツの法則」とは、「大量の毒や大きな刺激は生命力を阻害するが、微量ならば生命力に刺激を与え、生命力を促進する」というものです。
　まさに、「毒をもって毒を制す」という考え方ですね。

　実際に日本やオーストラリアなどでは、この「放射線ホルミシス」を根拠にして、放射能泉である「ラドン泉」や「ラジウム泉」の効用が謳われ、療養のために活用されています。

　たとえば、秋田県の「玉川温泉」の湯はpH＝約1.2という国内最強の強酸性泉です。
　その成分の濃厚さは、釘が1日でボロボロになるほどで、皮膚や粘膜がダメージを受けて「湯ただれ」を起こすことから、「最初は50％程度に薄めた湯に浸かり、徐々に身体を慣らしていく」という特殊な入浴法が行なわれているそうです。
　この強烈な温泉が、ガンをはじめとして、西洋医学では治療の限界とされてきた難病の進行を抑えたり、治癒させたりしてしまう力があるとして、海外から注目を集めているのです。

　どうやら「玉川温泉」には温泉水の成分に加えて、微量の「ラジウム」が含まれており、これがさまざまな効能の源となっていることが知られています。
　「微量の放射線」には、老化の原因となる「活性酸素」を除去する酵素を活性化させる働きがあるそうです。

　なお、温泉は医薬品ではないため、特定の病気に関して薬理効果を示すのは、薬事法に抵触する違法行為となります。

*

「工業分野」でも放射線は広く利用されています。

耐熱性電線や蛍光灯のグロー放電管、発砲ポリエチレンなど、「放射線」を使ったさまざまなものがあります。
　さらに、ジェットエンジンの非破壊検査や高温の鉄板の厚さの測定、空港の手荷物検査、煙探知機、静電除去機などに広く用いられています。

　「農業分野」では、土壌改良や農薬の開発、害虫の駆除、ジャガイモの発芽防止などに利用されています。
　「食品に関する放射線利用」については、「WHO」（世界保健機関）が認めており、食品照射による「殺菌」などに応用されています。

　また、「放射線」を当てて遺伝子を損傷させ、わざと突然変異を起こすことで、品種改良に利用しています。日本では、この技術を使って、梨や米の品種改良が行なわれました。

　このように放射線は「医療」から「産業分野」まで広く利用されていますが、文化財の調査などの「歴史的な分野」でも活用されています。

　古い仏像を「X線」で調べると、仏像の内部の構造や修復の痕跡など、外側を見ただけでは分からないことが分かるのです。
　その他には、「放射性同位体」を使って、岩石や化石などの年代測定が行なわれています。
　また、環境保全にも放射線は応用され、ゴミ焼却炉から出る排煙に「放射線」を照射して、排煙に含まれる「窒素酸化物」や「硫黄酸化物」などの大気汚染物質を除去する研究開発が進められています。

8章参考文献

藤高和信	「放射能と放射線」誠文堂新光社
船山信次	「毒の科学－毒と人間のかかわり－」ナツメ社
セオドア・グレイ	「世界でいちばん美しい元素図鑑」創元社
水徒然 (http://blog.goo.ne.jp/tetsu7191/e/3dfeb45296eff1f320c094f48e1adde4)	
佐藤健太郎	「ゼロリスク社会の罠」光文社
早川智久／本山昇	「SASP：細胞老化と個体老化の接点」
H.ハート／L.E.クレーン／D.J.ハート 共著	「ハート基礎有機化学」培風館
Luckey T.D.	「放射線ホルミシス」ソフトサイエンス社
松田忠徳	「知るほどハマル！温泉の科学」技術評論社

おわりに

　現在、私は新潟県の私立中高一貫校で教諭をしています。
　勤務している学校では、高校生には化学を、中学生には理科を教えています。
　この本は、私が学生のときに教材研究を兼ねて設立した「生活と化学」というホームページをもとにして作りました。

＊

　私は小さいころから理科が好きで、将来は自然科学に関する職業に就きたいと思っていました。
　現在は教師という仕事をしていますが、私は常に「どうしたら子供たちは理科を好きになってくれるだろうか」ということを意識しながら授業しています。
　理科の面白いところは、知れば知るほど謎が生まれてくるところです。そして、この面白さは、学校の教科書を読んでいるだけではなかなか分かりません。

　身の回りを眺めてみてください。当たり前だと思っている日常の中に、ふと「どうしてだろう？」という疑問が生じる瞬間があるはずです。

> なぜ空は青いのだろうか。
> なぜ人には味覚があるのだろうか。
> なぜ焼いた肉は香ばしい匂いがするのだろうか。
> なぜ食べ過ぎると肥満になってしまうのだろうか。
> なぜ運動すると疲れてしまうのだろうか。
> 毒と薬の違いは何だろうか。
> なぜドラッグには依存症があるのだろうか。
> なぜ放射線は危険なのだろうか。……

　このように、「理科の教科書」となるものは身の回りにたくさんあります。
　このような疑問を大切にしてください。
　この疑問を解決するために、自分で考えるのも良いし、専門書を調べるのも良いし、人に訊くのも良いと思います。
　疑問を解決して、「なるほど」と思ったとき、あなたはもう理科の面白さを実感しているはずです。
　この本では、「身の回りの理科」をたくさん紹介しています。この本を読んで、「なるほど」と思う読者のほうが一人でも多くいることを願っています。

長谷川 裕也

索引

数字記号

1日に必要なカロリー……………102
α化……………………………………97
α線…………………………234,237
αデンプン……………………………97
α崩壊………………………………234
β-エンドルフィン………………46,89
β線…………………………234,235
βデンプン……………………………97
β崩壊………………………………235
γ線……………………162,189,234,236,237
γ崩壊………………………………236

五十音順

≪あ行≫

あ アーモンド臭………………175
アイソトープ………………………229
青……………………………………23
青色LED……………………………33
青汁…………………………………88
赤身魚……………………………129
灰汁…………………………………72
悪玉コレステロール………………99
アクチンフィラメント……………121
揚げる………………………………70
アゴニスト…………………………156
アコニチン…………………165,169,180
朝焼け………………………………35
味の素………………………………56
アスタキサンチン…………………130
アスパルテーム……………………46
アスピリン…………………………154
アスベスト…………………………171
アセチルCoA……………105,108,111,125
アセトアミノフェン………………182
アセトルアルデヒド………………159
アデノシン三リン酸……76,103,104,122
アデノシン二リン酸………………122
アトロピン…………………………50
アナボリックステロイド…………140
アナンダミド………………………90
アネロビクス………………………123
亜ヒ素………………………………176
油…………………………68,70,98
アヘン………………………………216

アヘン戦争………………………214
アポトーシス…………167,187,246
アミノ化物…………………………77
アミノ酸……43,59,76,97,103,108,111
アラニン……………………………51
アルカロイド……49,50,180,185,210
アルコール依存症………………203
アルント・シュルツの法則………248
アンタゴニスト……………………156
アンフェタミン…………………212
い 活き作り…………………………84
医食同源……………………………87
イソフムロン類……………………51
炒める………………………………68
一酸化炭素………………………161
イノシン酸……………………51,56,76
イボテン酸…………………………52
色……………………………………20
色の表現……………………………21
隠居細胞…………………………246
飲食物摂取制限に関する指標…241
う ウエイト・トレーニング……136,142
ヴェノム……………………………171
ウォーミングアップ………………127
うま味………………43,51,52,54,87
うま味調味料………………………56,58
海……………………………………37
ウルトラファインバブル…………85
え エアロビクス……………………123
壊死………………………………165
エステル……………………………98
エタノール………………159,182,183,195
エネルギー……………94,103,104,121
エネルギー供給機構……………128
エネルギー効率…………………109
塩化ナトリウム……………………48
遠赤外線……………………………19,67
エンドサイトーシス……………186
塩味……………………………43,48,54,87
お おいしさ……………………………42,89
横紋筋……………………………120
オゾン層……………………………19
オルリスタット……………………117

≪か行≫

か 解糖系………………75,105,124,139
外部被曝………………………236,238
香り…………………………………42
ガガーリン…………………………37
化学兵器…………………………187
覚醒剤……………………………212
可視光線………………………18,20
ガダルカナル島の戦い…………112
葛根湯……………………………213
割主烹従……………………………82
活性酸素…………………………245
果糖…………………………………46
カフェイン……………………195,218
カプサイシン………………………45
加法混色……………………………31
からしレンコン……………………170
ガラパリ…………………………226
辛味…………………………………45
カラメル化反応…………………79,80
カリウム40………………………225
カルシウム味………………………55
カロリー…………………………94,101
ガン…………………………245,247
環境ホルモン……………………195
間歇強化…………………………200
還元糖………………………………77
干渉…………………………………30
肝臓………………………158,183,203
乾燥熟成……………………………76
甘味………………………43,46,54,87,89
き 飢餓状態……………………110,113
危険性……………………………151
危険ドラッグ……………………208
キシレン…………………………168
基礎代謝…………………100,101,110
拮抗薬……………………………156
基本味………………………………43
ギャンブル………………………200
吸収線量…………………………227
急性アルコール中毒……………183
急性毒性……………………153,162
急性ニコチン中毒………………172
筋繊維……………………………120
筋繊維の比率……………………133,135
金属アレルギー…………………159
金属味………………………………43

252

索　引

禁断症状 …………………………… 203
筋肉 …………………………… 105,120
筋肉痛 ……………………………… 139
筋肥大 ………………………… 138,139,140
筋力 ………………………………… 137
く　グアニン酸 ……………………… 51
空気抵抗 …………………………… 37
クールダウン ……………………… 127
クエン酸回路 …………………… 108,111,125
薬 …………………………… 150,167
果物 ………………………………… 47
屈折 ………………………………… 29
グッドトリップ …………………… 222
雲 …………………………………… 36
グリコーゲン …………………… 75,111,124
グリシン …………………………… 51
グリセリン ………………………… 103
グルコース
　　　…… 75,89,96,103,105,108,111,124,195
グルタミン酸 ………… 43,51,52,55,56,60
グルタミン酸ナトリウム ………… 59
グルタミン酸ナトリウム症候群 … 58
グレイ …………………………… 227,228
黒潮 ………………………………… 39
クロロフィル ……………………… 38
け　経口投与 …………………… 158,172
経皮吸収 ………………………… 160
劇物 …………………………… 167,168
血液毒 …………………………… 165
血液脳関門 ……………………… 195
原子 ……………………………… 228
原子核 …………………………… 228
原子核崩壊 ……………………… 230
原子番号 ………………………… 229
元素 ……………………………… 229
こ　光源色 ………………………… 28
硬水 ……………………………… 43
光速 ……………………………… 20
糊化 ……………………………… 97
コカ・コーラ ……………………… 218
コカイン …………………… 180,204,217
コカイン精神病 …………………… 218
コカの葉 …………………………… 217
五感 ……………………………… 86
コゲ ……………………………… 77,80,81
五大栄養素 ………………………… 95
個体死 …………………………… 163
骨格規制 ………………………… 208
骨格筋 …………………………… 120,131
五味 ……………………………… 43
コラーゲン …………………… 19,76,83
コルチゾール ……………………… 115
コレステロール …………………… 99

《さ行》
さ　サイケデリック・アート ……… 221
最大筋力 ………………………… 144
埼玉県本庄市保険金殺人事件 …… 182
細胞死 …………………………… 163
細胞毒 …………………………… 166
細胞老化 ………………………… 246
魚 ………………………………… 82
刺身 ……………………………… 82
サッカリン ………………………… 47
砂糖 ……………………………… 46
砂糖依存症 ……………………… 89
作動薬 …………………………… 156
サリドマイド ………………… 166,171
サリン ……………………… 160,165
酸 ………………………………… 49
酸化的リン酸化経路 …………… 108,128
三叉神経 ………………………… 45
三重水素 ………………………… 229
三大栄養素 ……………………… 95
酸味 ……………………… 43,48,54,57,87
散乱 ……………………………… 34,36
し　死 ………………………………… 163
シーベルト …………………… 225,227,228
シーベルト毎時 ………………… 227
ジェネリック医薬品 ……………… 157
紫外線 …………………………… 19
持久力 ……………………… 137,143
シグモイド・カーブ ……………… 155
ジゴキシン ……………………… 154
死後硬直 ……………………… 75,83
自己実現の欲求 ………………… 193
自己消化 ………………………… 75
脂質 …………………………… 95,98,103
自然放射線 ……………………… 224
舌 ………………………………… 54
質量数 …………………………… 229
指定薬物 ………………………… 208
渋味 ……………………………… 43
脂肪 ……………………… 90,98,110,111,148
脂肪味 …………………………… 55
脂肪油 …………………………… 98
脂肪酸 ………………………… 103,108,111,125
ジメチル硫酸 …………………… 160
シャボン玉 ……………………… 30
重水素 …………………………… 229
重曹 ……………………………… 49
ジュウテリウム ………………… 229
ジュール ………………………… 94
熟成 ……………………………… 76
受容体 …………………… 44,54,156,202
シュワネラ・アルガ ……………… 182
瞬発力 ……………………… 137,142
消化 …………………………… 103

消極的休息 ……………………… 126
初回通過効果 …………………… 158
食事摂取基準 …………………… 114
植物デンプン …………………… 124
食物繊維 …………………… 96,99
食物モニタリング ……………… 240
白身魚 …………………………… 129
心筋 ……………………………… 120
神経伝達 ………………………… 141
神経伝達物質 …………………… 60
神経毒 …………………………… 165
人工甘味料 ……………………… 47
人工毒 …………………………… 170
人工放射線 ……………………… 224
身体依存 ………………………… 204
身体活動レベル ………………… 101
シンナー遊び …………………… 168,208
侵入経路 ………………………… 161
心肺機能 ………………………… 147
心理学 …………………………… 24
す　水素イオン ……………………… 49
スクロース ……………………… 46
スコヴィル値 …………………… 45
寿司 ……………………………… 82
スタミナ ………………………… 143
スティーヴンスのべき法則 …… 60
ステロイド系ホルモン ………… 140
ストリキニーネ ………………… 160
スペクトル ………………… 20,27
スポーツ ………………………… 120
炭火焼き ………………………… 67
せ　聖アントニウスの火 ………… 219
生活習慣病 ……………………… 91
青酸ガス ………………………… 175
青酸カリ ………………… 166,174,177
精神依存 ………………………… 199
生体異物 ………………… 150,195
成長ホルモン …………………… 245
正の強化 ………………………… 199
生物毒 …………………………… 170
生理的欲求 ……………………… 86,193
蒸籠 ……………………………… 73
積極的休息 ……………………… 126
ゼラチン ………………………… 76
セロトニン ……………………… 26
善玉コレステロール …………… 99
鮮度 ……………………………… 85
線量当量 ………………………… 227
そ　速筋繊維 ………… 129,131,135,138,141,142
組織死 …………………………… 163
空 ………………………………… 34

253

索　引

《た行》

- た　タール　206
  - ダイエット　110,114,116
  - 体感温度　24
  - 代謝的活性化　159
  - 耐性　202,204
  - 大麻　208,210,211
  - ダウン・レギュレーション　202
  - 唾液　49
  - 多幸感　193
  - 出汁　43,57
  - タバコ　205
  - 玉川温泉　248
  - 炭化反応　81
  - 炭酸飲料水　219
  - 炭水化物　89,95,103
  - 炭水化物抜きダイエット　114
  - 炭素14　233
  - タンパク質　51,52,95,97,103,185
- ち　遅延毒　171
  - 地下鉄サリン事件　160
  - 遅筋繊維　129,131,135,138,141,143
  - 致死量　152,153,162
  - チミン二量体　19
  - 中華料理　69
  - 中間筋繊維　131,135,139,142
  - 中性子　228
  - 中性子線　237
  - 中性脂肪　99
  - 中毒症状　152
  - 中毒量　153
  - 超回復　139
  - 治療係数　154
- つ　痛覚　44
  - 痛風　106
- て　帝銀事件　173
  - テストステロン　25,140
  - 手続き記憶　141
  - テトロドトキシン　165,180
  - テフロン　69
  - テルマエ・ロマエ　233
  - テロメア　246
  - 電子　228
  - 電子伝達系　108,128
  - 電磁波　236
  - 電子レンジ　74
  - 天ぷら　70
  - デンプン　96
- と　糖　89
  - 同位体　188,229,230
  - 東海村JOC臨界事故　243
  - 闘争　25
  - 糖質　95
  - 糖新生　111,115

- 動物デンプン　124
- 糖類　111
- ドーパミン　193,201
- トキシン　170
- 毒　49,52,150,167
- 毒液　171
- 毒ガス　162
- 毒殺　173
- 毒作用の分類　166
- 毒性　151,168
- 特性X線　237
- 毒素　171
- 特定毒物　168
- 毒の基本法則　161,162
- 毒の分類　170
- 毒物　167,168
- 毒物及び劇物取締法　167,169
- ドメスティック・バイオレンス　200
- トリカブト保険金殺人事件　179
- トリチウム　229
- トルエン　168,208
- トレーニング　138,144,147
- トレーニングメニュー　146

《な行》

- な　内臓脂肪　99
  - 内部被曝　235,240
  - 内分泌かく乱物質　195
  - 内包フラーレン　247
  - 納豆　52
  - ナトリウムイオン　48
  - ナポレオン　177
- に　苦味　49,54,87
  - 肉汁　78
  - ニコチン　165,171,195,205
  - 虹の7色　22
  - 日本料理　82
  - 乳酸　75,105,124,126,144
  - 尿酸天才物質説　106
  - 煮る　71
  - 人間の仕事率　102
- ね　ネクローシス　165
  - 熱量　94
- の　脳死　164
  - ノーベル賞　33
  - ノルアドレナリン　25

《は行》

- は　麦核　220
  - 白色光　20,31
  - ハシシ　210
  - バッカクアルカロイド　220
  - 発ガン性物質　81
  - ハックスレーの滑走説　122

- 発酵　49
- バッドトリップ　222
- 発熱反応　103,104
- 半減期　230
- 半数致死量　153
- ひ　ビートルズ　221
  - ピーマン　50
  - ビール　51
  - 皮下脂肪　99
  - 光　18
  - 光の3原色　31
  - ヒスタミン　139,157
  - ヒ素　176
  - ビタミン　95
  - 必須アミノ酸　98
  - 被爆　238
  - 被曝線量　226
  - 非必須アミノ酸　98
  - 皮膚寄生虫妄想　218
  - ヒマシ油　185
  - 美容整形　170
  - ピルビン酸　105,125
  - 疲労回復　126
  - 疲労感　106
  - ヒロポン　213
- ふ　フグ　181
  - 副作用　155
  - 不随意運動　120
  - フッ素ガス　162
  - 物体色　29
  - ブドウ糖　89
  - 負の強化　199,200
  - 腐敗　49
  - フラーレン　247
  - ブラジキニン　139
  - プランクトン　39
  - プランクの法則　67
  - プリズム　20,30
  - プリン体　106
  - フルクトース　46,47
  - 分散　29
- へ　平滑筋　120
  - ヘイフリック限界　246
  - ベクレル　227,228
  - ヘテロサイクリックアミン　81
  - ベニテングタケ　52
  - ペプチド　46
  - ヘモグロビン　161
  - ヘロイン　196,204,216
- ほ　ポイズン　171
  - 放射性炭素年代測定法　233
  - 放射性同位体　230
  - 放射性廃棄物　232
  - 放射性物質　224,239

放射性崩壊	230	
放射線	162,224,234	
放射線荷重係数	228	
放射線障害	242	
放射線治療	247	
放射線の遺伝的影響	244	
放射線の急性影響	242	
放射線の透過力	238	
放射線の晩発性影響	242	
放射線ホルミシス	248	
放射熱	67	
放射能	224	
放射能泉	248	
報酬系	46,89,193	
補色	32	
ボストーク1号	37	
ボツリヌス菌	170	
ボツリヌストキシン	170,185	
ボトックス	170	
母乳	55	
ポリグルタミン酸	52	
ポロニウム210	188	
ホワイトハウス	187	

≪ま行≫

ま	マイクロバブル	85
	麻黄	213
	マグネトロン	74
	マズローの欲求段階説	192
	麻薬系ドラッグの分類	209
	マリファナ	210
	マルコフ暗殺事件	185
	慢性毒性	171
	慢性閉塞性肺疾患	207
み	ミー散乱	36
	ミオグロビン	129
	ミオシンフィラメント	121
	味覚	87
	味覚障害	55
	水	38
	水中毒	151
	緑	23
	味蕾細胞	44,54,55
	味蕾地図	53
	無機質	95
	無効量	152
	無酸素運動	116,122,138,143,144
む	蒸す	73
め	メイラード反応	77,79,80,81
	メタンフェタミン	212
	メラニン色素	19
	メラノイジン	77
	メラノサイト	19
	木炭	67

	モノフォルオロ酢酸	168
	モルヒネ	180,196,204,216

≪や行≫

や	焼き方	77
	焼く	66
	薬物依存	198
	薬物の依存性	204
	薬用量	152
	痩せる薬	117
	薬効作用	152
	闇鍋	72
ゆ	有効量	153
	有酸素運動	116,117,122,147
	夕焼け	35
	遊離アミノ酸	53
よ	陽子	228
	溶媒	71
	余色	32
	欲求	86

≪ら行≫

ら	ライ麦	219
	ラグドゥーム	47
	ラジオアイソトープ	230
	落下速度	37
	ランナーズ・ハイ	46
り	リガンド	156
	リシン	166,169,185,186
	立体視	21
	リトビネンコ・ポロニウム事件	188
	リパーゼ	117
	リボソーム	186
	料理	66
	リン	179
	リン酸	122
	リン脂質	99
	類似色	32
れ	レイリー散乱	34
	レスタミン	157
	レプチン	116
ろ	老化	97
	老人性痴呆症	141
	ローカーボダイエット	114,116

≪わ行≫

わ	ワイングラス	54
	和歌山毒物カレー事件	176

アルファベット順

≪A≫

A10神経系	193,201
ADP	122
atom	228
ATP	76,103,104,108,122
ATP-PCr系	123

≪B≫

BBB	195

≪D≫

D	229
DNA	19,51,162,244

≪E≫

ED	153

≪H≫

HDLコレステロール	99

≪I≫

ICRP	240

≪L≫

LD	153,162
LD50	153,172
LDLコレステロール	99
LED	33
LSD	221
Lysine	186

≪M≫

MSG	59

≪N≫

NASA	179

≪R≫

RGB	31
Ricin	186

≪S≫

SASP因子	246

≪T≫

T	229
TCA回路	108,125
TD	153

≪U≫

umami	52

≪X≫

X線	237

■著者略歴

長谷川 裕也（はせがわ・ゆうや）

新潟第一中学・高等学校教諭。
1991年に新潟県で生まれる。
2014年に大阪教育大学教員養成課程理科教育専攻を卒業後、2014年に新潟第一中学・高等学校で常勤講師、2015年より現職。
大学在学時に化学系サイト「生活と化学」（http://sekatsu-kagaku.sub.jp）を開設。
日常生活と化学の関連を重視した理科教育の実践に取り組んでいる。

本書の内容に関するご質問は、

① 返信用の切手を同封した手紙
② 往復はがき
③ FAX(03)5269-6031
　（ご自宅のFAX番号を明記してください）
④ E-mail　editors@kohgakusha.co.jp

のいずれかで、工学社編集部宛にお願いします。
なお、電話によるお問い合わせはご遠慮ください。

I/O BOOKS
高校教師が教える 身の回りの理科

平成27年12月20日　第1版第1刷発行　© 2015	著　者　長谷川　裕也
平成28年 2月10日　第1版第2刷発行	編　集　I/O編集部
	発行人　星　正明
	発行所　株式会社 工学社
	〒160-0004 東京都新宿区四谷4-28-20 2F
	電話　　(03)5269-2041(代)[営業]
	(03)5269-6041(代)[編集]
※定価はカバーに表示してあります。	振替口座　00150-6-22510

[印刷] シナノ印刷(株)　　　　　　　　　　　　　　　　ISBN978-4-7775-1929-3